SCHÄFFER
POESCHEL

Roman Stöger

Toolbox Digitalisierung

Vorsprung durch Vernetzung

2017
Schäffer-Poeschel Verlag Stuttgart

Gedruckt auf chlorfrei gebleichtem, säurefreiem und alterungsbeständigem Papier

Bibliografische Information der Deutschen Nationalbibliothek
Die Deutsche Nationalbibliothek verzeichnet diese Publikation in der Deutschen Nationalbibliografie; detaillierte bibliografische Daten sind im Internet über http://dnb.d-nb.de abrufbar.

Print:	ISBN 978-3-7910-4008-0	Bestell-Nr. 10233-0001
ePDF:	ISBN 978-3-7910-4009-7	Bestell-Nr. 10233-0150

www.schaeffer-poeschel.de
service@schaeffer-poeschel.de

Umschlagentwurf: Goldener Westen, Berlin
Umschlaggestaltung: Kienle gestaltet, Stuttgart (Bildnachweis: Shutterstock.com)
Satz: Claudia Wild, Konstanz
Druck und Bindung: BELTZ Bad Langensalza GmbH, Bad Langensalza

Printed in Germany
Juni 2017

Schäffer-Poeschel Verlag Stuttgart
Ein Tochterunternehmen der Haufe Gruppe

für Elisabeth, Maria und Johannes

Vorwort

Die Digitalisierung ist eine der bedeutendsten Entwicklungen des 21. Jahrhunderts. In den letzten Jahren sind tausende Bücher, Artikel und Fachbeiträge erschienen, die das Thema aus unterschiedlichen Richtungen beleuchten und darstellen, wo Chancen und Potenziale liegen. Was in der Forschung und Veröffentlichungen nach wie vor zu kurz kommt, ist die Frage nach der Umsetzung der Digitalisierung. Es gibt sehr viele, gute Beispiele, von denen gelernt werden kann und die eine erstaunliche Ähnlichkeit in der Vorgehensweise vorweisen.

Im Zentrum dieses Buches steht nicht die Digitalisierung, sondern die Umsetzung der Digitalisierung. Das ist keine sprachliche Spitzfindigkeit, sondern ein wesentlicher Unterschied. Ich konzentriere mich nicht auf IT-, System- oder technische Fragen, sondern auf das Management der Digitalisierung. Es geht um bewährte Vorgehensweisen und Werkzeuge, wie sich ein Unternehmen digital entwickeln und Resultate erzielen kann. Nicht technische Spielereien oder bunte PowerPoint-Folien entscheiden über den Erfolg der Digitalisierung, sondern konkrete Maßnahmen. Das ist der Schritt vom Wunsch zur Wirkung.

Neu sind nicht Internet, IT oder Technik. All das gibt es schon seit Jahrzehnten. Neu sind Intelligenz, Individualisierung, Dezentralisierung, Vernetzung, Tempo, Nachhaltigkeit und die Veränderung von Geschäftsmodellen. Die Digitalisierung sollte daher als Anlass gesehen werden, das Unternehmen wieder einmal grundsätzlich auf den Prüfstand zu stellen. Die zentrale Frage für das Management lautet: Wie können wir die Potenziale der Digitalisierung in echten Nutzen und echte Resultate umwandeln?

Die Digitalisierung verändert nichts an den „Naturgesetzen" des Wirtschaftens. Im Zentrum steht nach wie vor die Frage: Ist der Kunde bereit, für eine digitale Lösung eine Rechnung zu bezahlen? Die Digitalisierung verändert aber alles hinsichtlich unserer Veränderungsfähigkeit. Der Engpass sind nicht die Vorschläge, Potenziale, Chancen oder Ideen. Entscheidend ist die Umsetzungsstärke unserer Unternehmen. Und dies bedingt nicht eine Cloud oder das Silicon Valley, sondern kompetentes Management. Dafür ist dieses Buch geschrieben.

Prof. Dr. Roman Stöger

Inhaltsverzeichnis

Verzeichnis der Modelle und Kernthemen

Verzeichnis der Werkzeuge und Beispiele

Verzeichnis der Abkürzungen

AGB	Allgemeine Geschäftsbedingungen
AKV	Aufgaben, Kompetenzen, Verantwortlichkeiten
APM	Agiles Projektmanagement
AVOR	Arbeitsvorbereitung
BD	Big Data
BDM	Big Data Management
BPO	Business Process Outsourcing
BPR	Business Process Reengineering
BS	Betriebssystem
BSC	Balanced Scorecard
B2B	Business to Business
B2C	Business to Customer
CAGR	Current Average Growth Rate
CAx	Abkürzung für CA-Techniken bzw. CA-Methoden
CC	Cloud Computing
CF	Cashflow
CIM	Computer Integrated Manufacturing
CIP	Continuous Improvement Process
CM	Cloud Model
CPM	Critical Path Method
CPS	Cyber Physical Systems
CR	Customer Response
CRM	Customer Relationship Management
CSR	Corporate Social Responsibility
CW	Communication World
C2B	Customer to Business
DA	Data Analytics
DB	Deckungsbeitrag
DBM	Digital Benchmarking
DBM	Digital Business-Model
DD	Digital Dashboard
DFMA	Design for Manufacture and Assembly
DIN	Deutsche Industrienorm
DL	Data lakes
DLZ	Durchlaufzeit
DM	Data Mining
DSC	Digital Scorecard
DSM	Data Security Management
DTC	Digital Transformation Cockpit
DVC	Digital Value Chain
DVP	Digitales Verbesserungsprogramm
DVV	Digitaler Verbesserungsvorschlag
DWS	Data Warehouse System
EBIT	Earnings Before Interest and Taxes
EDM	Engineering Data Management
ERP	Enterprise Resource Planning
FMEA	Failure Mode and Effects Analysis
F&E	Forschung & Entwicklung

GH	Großhandel
GuV	Gewinn- und Verlustrechnung
GWA	Gemeinkostenwertanalyse
HRM	Human Resource Management
HTML	Hyper Text Markup Protocol
HTTP	Hyper Text Transport Protocol
IDD	Internet der Dinge
IOT	Internet of Things
ISDN	Integrated Services Digital Network
ISO	Industrial Standard Organization
I 4.0	Industrie 4.0
JIT	Just in time
KMU	Klein- bzw. mittelständisches Unternehmen
KVP	Kontinuierlicher Verbesserungsprozess
LEH	Lebensmittel-Einzelhandel
M&A	Mergers and Acquisitions
MBO	Management by Objectives
MIS	Management Informationssystem
MT	Mobile Technology
M2M	Machine to Machine
M2H	Machine to Humans
OEM	Only Equipment Manufacturer
PDM	Product Data Management
PIM	Product Information Management
PM	Prozessorenmodell
PMI	Post Merger Integration
POS	Point of Sale
PPS	Produktplanung und -steuerung
PR	Public Relations
QFD	Quality Function Deployment
QM	Qualitätsmanagement
R&D	Research and Development
ROCE	Return on Capital Employed
ROE	Return on Equity
ROI	Return on Investment
ROS	Return on Sales
RP	Rapid Prototyping
RTD	Real Time Data
RTF	Real Time Forecasting
RW	Rechnungswesen
SCM	Supply Chain Management
SE	Simultaneous Engineering
SGF	Strategisches Geschäftsfeld
SIV	Soll-Ist-Vergleich
SM	Sensorik Modell
SM	Social Media
SMA	Systematische Müllabfuhr
SMART	Spezifisch, messbar, ableitbar, realistisch, terminiert
SWOT	Strenghts, Weaknesses, Opportunities, Threats
TDC	Technical Data Management
TIM	Technical Information Management

TQC	Total Quality Control
TQM	Total Quality Management
USP	Unique Selling Proposition
VR	Virtual Reality
VSM	Viable System Model
VVV	Volume, Velocity, Variety
ZV	Zielvereinbarung

Angaben zum Autor

Professor Dr. Roman Stöger lehrt strategisches Management an der FH University of Applied Science Kufstein und ist Associate im Malik Management Zentrum St. Gallen. Zu seinen Beratungs- und Aufsichtsmandaten gehören Unternehmen aus Industrie, Banken, Handel und NPO aller Unternehmensgrößen. Mehrere „Hidden Champions" zählen zu seinen Referenzkunden. Roman Stöger hat in den letzten Jahren zahlreiche Bücher und Artikel zu den Themen Digitalisierung, Strategie, Innovation, Prozesse, Organisation, Führung und Projektmanagement verfasst (Harvard Business Manager, zfo Zeitschrift Führung + Organisation, absatzwirtschaft, OrganisationsEntwicklung ...). Die Publikationen sind in mehreren Auflagen erschienen und wurden mehrfach ausgezeichnet. Roman Stöger ist verheiratet und hat zwei Kinder.

Die Digitalisierung als Königsdisziplin im Management des 21. Jahrhunderts

1. Die digitale Transformation

Praktisch alle Unternehmen befassen sich heute mit dem Thema Digitalisierung. Der großen Anzahl an Publikationen über Begriff, Chancen und Bedeutung der Digitalisierung steht eine erstaunlich geringe Zahl von Veröffentlichungen gegenüber, in denen über Umsetzung, Methoden und Werkzeuge geschrieben wird[1)]. Es geht in diesem Buch um die **Umsetzung der Digitalisierung** und explizit nicht um Technik oder IT. So wichtig Systemlösungen auch sind, im Fokus steht die Frage, wie ein Unternehmen die digitalen Chancen zur innovativen Weiterentwicklung der Produkte bzw. Dienstleistungen nutzen und die Produktivität steigern kann.

Der Wesenskern der Digitalisierung lässt sich am besten mit einem **Beispiel** erfassen. Stellen Sie sich vor, Sie besuchen in London ein Konzert von Eric Clapton in der Royal Albert Hall. Diesen Ausflug hat Ihr elektronischer Life-Balance-Coach vorgeschlagen, der genau weiß, dass Sie gerne Europäische Großstädte bereisen, ein Fan von Eric Clapton sind und zwei Studienfreunde aus London schon seit vier Jahren nicht mehr besucht haben. Flug, Transfer und Hotel wurden von einem Reiseportal gebucht und Sie erhalten im Vorfeld über einen i-Shopping-Guide die Liste aller Clapton-Alben, die Sie noch nicht haben. Nach dem Konzert werden Sie von einem Selbstfahr-Taxi abgeholt und müssten hierfür eigentlich 20 Pfund zahlen. Während der Fahrt entscheiden Sie spontan, dass Sie in einem Laden noch zwei Kleidungsstücke kaufen. Die Bestellung wird online versendet, die Verfügbarkeit in Echtzeit sofort positiv rückgemeldet. Das Taxi fährt direkt zum Shop, wo Sie die beiden Teile sofort überreicht bekommen. Aufgrund des Gesamtpreises von 250 Pfund wird Ihre Taxirechnung vom Shop übernommen. Dieses Beispiel zeigt, dass die Digitalisierung nichts an der physischen Reise, dem Konzertgenuss oder den Kleidungsstücken verändert. Sie beeinflusst aber massiv die Geschäfte und Geschäftsmodelle der beteiligten Organisationen[2)].

Was sich durch die Digitalisierung verändert hat, ist die **Veränderung** selber, der „Change“. Die sinngemäße Übersetzung von „digital“ lautet: viel schneller, viel umfassender und viel vernetzter. Erstens hat sich das Tempo beschleunigt. Früher hatte das Management im Normalfall viel mehr Zeit, sich auf eine Transformation einzustellen und neue Lösungen zu entwickeln. Heute muss vor allem die Umsetzung schneller funktionieren, weil alles transparenter geworden ist. Wenn ein Wettbewerbsvorsprung früher noch in Jahren gemessen wurde, sind es heute oft nur Monate oder Wochen. Zweitens konnte in der Vergangenheit ein kleiner Kreis von Personen die Veränderung bewirken. Jetzt müssen im Normalfall sehr viele Wissensträger, Entscheider und vor allem Umsetzer integriert werden, damit Lösungen entstehen. Und drittens bedeutet Marktdynamik, dass nicht isoliert Produkte, Prozesse oder Organisationseinheiten verändert werden, sondern das gesamte Geschäftsmodell. Genau das hat der CEO von General Electric, Jeffrey Immelt, gemeint, als er die digitale Herausforderung darstellte: „Jedes Industrieunternehmen muss sich zu einem Softwareunternehmen entwickeln."

Digitalisierung ist nichts anderes als **Transformation**, d.h. der Übergang von der heutigen sogenannten „Alten Welt" in eine digitale, „Neue Welt" (vgl. Abb. 1). Dieser Schritt ist für die meisten Menschen und Unternehmen deshalb so anspruchsvoll, weil wir unsere Gewohnheiten haben, aus einer meist erfolgreichen Vergangenheit kommen und diese Alte Welt immer noch funktioniert. Verantwortung in der Führung bedeutet aber, die Grundlagen dieses Erfolges permanent zu hinterfragen. Es geht darum, das Geschäft von der Zukunft aus zu verstehen und nicht eine erfolgreiche Vergangenheit unreflektiert fortzuschreiben. Die Konsequenzen dieser Transformation sind individuell für jedes einzelne Unternehmen herauszuarbeiten und ein klares Digitalisierungsprogramm zu entwickeln.

2. Unternehmensführung und Digitalisierung

Digitalisierung ist die aktuell wichtigste Herausforderung für die **Unternehmensführung**. Das Management muss ein gemeinsames Verständnis für die Transformation und notwendigen Digitalisierungsschritte entwickeln. Die Basis hierzu ist die Bereitschaft, das eigene Geschäft offen und selbstkritisch zu hinterfragen: In welchem Geschäft sind wir wirklich? Wo liegt der eigentliche Kundennutzen? Warum waren wir bisher erfolgreich? Wo sind die Grundlagen des Erfolges von morgen? Erkennen wir rechtzeitig die neuen Entwicklungen? Sind wir vielleicht sogar dem Wandel voraus? Treffen wir rechtzeitig die notwendigen Entscheidungen? Sind wir schnell genug in der Umsetzung? In der digitalen Welt gilt eine einfache Gleichung: „Die Dynamik des Unternehmens muss mindestens so groß sein wie die Dynamik des Markets." Diese ursprünglich aus der Kybernetik abgeleitete

Die „Alte Welt“ vor der Digitalisierung	Die „Neue Welt“ durch die Digitalisierung
1. **Veränderungen** sind überschaubar, verlaufen relativ langsam und sind oft auf einzelne Themen isoliert.	1. **Veränderungen** gehen deutlich schneller, umfassender und betreffen das gesamte Geschäftsmodell.
2. **Grenzen des Unternehmens** sind eindeutig über Eigentum, Verträge, Waren, Dienstleistungen und Geldflüsse definiert.	2. **Grenzen des Unternehmens** verschwimmen und sind vieldimensional durch z. B. Einbindung des Kunden, Partnernetzwerke …
3. **Entwicklung und Produktion** enden mit Markteinführung. Danach beginnt die Vorphase der nächsten Generation.	3. **Entwicklung und Produktion** beziehen sich auf den gesamten Lebenszyklus. Es gibt keine „nächste Generation“, sondern permanente Weiterentwicklung (Updates).
4. **Verkauf** ist der Schlusspunkt von Produktentwicklung und Vermarktung.	4. **Verkauf** ist der Start einer Kunden-, Echtzeit- und Response-Beziehung.
5. Im Zentrum von **Marketing und Vertrieb** steht der Verkauf eines Produkts.	5. **Marketing und Vertrieb** maximieren den Nutzen über den gesamten Lebenszyklus.
6. **Kundenbeziehungen** werden über Kauf definiert, indem das Eigentum von Herstellern auf Kunden übergeht.	6. **Kundenbeziehungen** werden über Nutzung definiert, die mit Eigentumsfragen nicht zwingend etwas zu tun haben müssen.
7. **Daten** entstehen entlang der Wertschöpfungskette oder aus externen Quellen (Marktforschung …).	7. **Daten** entstehen in Echtzeit und permanent durch das Produkt und die Anwendung selbst und müssen in „Nutzen“ übersetzt werden.
8. Für **Datensicherheit und Datenqualität** ist primär die IT verantwortlich.	8. Um **Datensicherheit und Datenqualität** kümmern sich alle Funktionen.
9. „**Organisationen**“ sind hierarchisch getrennte Funktionen wie z. B. F&E, Einkauf, Produktion, Vertrieb …	9. „**Organisationen**“ sind prozessorientierte Funktionalitäten, in denen es um Tempo, Vernetzung und Umsetzungsstärke geht.
10. **Führung** bedeutet v. a. die direkte Führung von Mitarbeitern, top-down und hierarchiegetrieben.	10. **Führung** wird vielschichtiger und bedeutet die Führung von Kollegen, von Chefs, von Kunden, von Wertschöpfungspartnern …

Abb 1: Die digitale Transformation von der Alten Welt in die Neue Welt

Erkenntnis beschreibt die notwendige Veränderungsfähigkeit von Organisationen. Wenn diese Dynamik schwächer wird, fällt das Unternehmen zurück, wird vom Wettbewerb überholt und bleibt in der Alten Welt stecken. Eines der Paradeunternehmen der Jahrtausendwende ist selbst zum Opfer der Veränderungen geworden: Apple ist mittlerweile ein Unternehmen der Alten Welt. Es hat seine Erfolgsprodukte der nuller Jahre zwar permanent optimiert, gibt aber keine überzeugenden Antworten mehr auf die Neue Welt.

Viele Menschen glauben, dass Digitalisierung eine Sache von IT sei, dass man Google heißen und am besten im Silicon Valley beheimatet sein müsse, um Erfolg zu haben. Der wichtigste Orientierungspunkt bleibt auch in der digitalen Welt der **Kundennutzen**. Das ist am Ende des Tages der Schlüssel zum Verständnis von Marktdynamik und Transformation[3]. Kundennutzen ist die Quelle von Wettbewerbsvorteilen, Marktanteilen und der Treibsatz von Innovation. Jedes Unternehmen braucht dazu geeignete „Radare und Sensoren“ in die Märkte, um Wandel und Veränderung wahrzunehmen. Gerade hohe Gewinne, eine erfolgreiche Vergangenheit, starre Strukturen und hierarchisches Führungsverständnis können gefährlich sein, weil sie diese Signale des Marktes und der Zukunft nicht aufnehmen. Die Herausforderung für das Management besteht nicht in Data-Warehousing, Response-Systems oder Cloud-Solutions. Die Kunst der Führung ist es, all das zu verbinden und echte Resultate zu erzielen. Nicht „Big Data“ steht daher im Zentrum, sondern **Big Results**. Auch wenn gerne davon gesprochen wird, dass „Daten das Gold des 21. Jahrhunderts sind“, so zeigt gerade die digitale Praxis auf, dass das nicht stimmt. Daten an sich bewirken gar nichts, schaffen keine Werte, verursachen nur Kosten und erhöhen die Komplexität. Zu Gold werden Daten nur dann, wenn sie in echte Lösungen für Kunden und für das Unternehmen umgewandelt werden.

Die offensichtlichen Anwendungsfelder der Digitalisierung sind einerseits die Innovation von Marktleistungen und andererseits die Verbesserung der Produktivität. Was die Digitalisierung aber noch verändern wird, sind **Führung und Organisation**. Dies geschieht momentan in der Tiefenstruktur unserer Unternehmen und ist daher noch nicht allen bewusst. Wir sind nach wie vor von einem Organisationsverständnis des 19. Jahrhunderts geprägt: dominante Hierarchien, separierte Funktionen, ausgeprägte Innenorientierung, starre Planungszyklen und vieles mehr. All das hat in der alten Industriegesellschaft ihre Berechtigung gehabt und viele Volkswirtschaften nach vorne gebracht. Die Digitalisierung fordert aber gerade dieses Unternehmens-, Management- und Arbeitsverständnis heraus[4]. Die digitale Welt hält sich nicht an unsere organisatorischen Silos, an starre Stellenbeschreibungen und an Führungskräfte mit „bossy habits“. Zu Recht sprechen wir davon, dass die industrielle Entwicklung in ein viertes Stadium eingetreten ist – Industrie 4.0. Ob Führung und Organisation auch entsprechend fortgeschritten sind, muss kritisch hinterfragt werden. Eher gilt der Spruch: „Industrie 4.0 trifft auf Führung 1.0." Praxis und Wissenschaft haben hier noch nach Lösungen zu suchen, um im 21. Jahrhundert anzukommen.

3. Beispiele und eine empirische Studie zur Digitalisierung

Digitalisierung betrifft alle Branchen und alle Unternehmensgrößen. Nachfolgende Beispiele sollen dies verdeutlichen[5]. **Mercedes**, als traditioneller Lkw-Produzent, erweitert seine Perspektive und fokussiert sich nicht mehr auf den Verkauf eines einzelnen Lkw. Im Zentrum steht vielmehr die optimierte Gesamt-Logistik-Bilanz für den Kunden, beispielsweise mit der internetbasierten Fleetboard-Lösung. **Uber** entwickelt erstmals eine globale Lösung für ein seit jeher atomisiertes Geschäft – die Taxibranche. Der Ansatz ist denkbar einfach und nur über digitale Kommunikation möglich: Der Kunde bezahlt nicht für ein Taxi-Unternehmen, sondern für eine Taxi-Fahrt. **Rolls Royce** stellt seit Jahrzehnten Flugzeug-Triebwerke her. In der digitalen Welt geht es nicht mehr nur um den Verkauf eines physischen Triebwerks. Was den Kunden interessiert, sind fehlerfreie Einsatzstunden. Das bedeutet für Rolls Royce, die Supply-Chain digital zu durchdringen und jederzeit in Echtzeit die Verfügbarkeit sicherzustellen. Die **Haufe-Gruppe** kommt ursprünglich aus dem Verlagswesen. Seit zwei Jahrzehnten geht das Unternehmen konsequent den Weg in Richtung Wissensdienstleister. Wurden in den neunziger Jahren noch drei Prozent des Umsatzes mit digitalen Lösungen erwirtschaftet, sind es 2017 über neunzig Prozent. Das Unternehmen **Babolat** ist ein klassischer Hersteller von Tennisschlägern. In der digitalen, neuen Welt wird der Schläger nicht mehr als reines Spiel-Gerät definiert, sondern als Trainer, der Ballkontakte, Spin bzw. Aufschlagpunkt misst und optimiert. Die Digitalisierung verändert auch die Literatur. So hat beispielsweise die US-amerikanische Autorin **Jennifer Egan** ihre Erzählung „Black Box" auf der Twitter-Plattform des New Yorker veröffentlicht. Ihr Roman „A Visit from the Goon Squad", mit dem sie den Pulitzer Preis gewann, überschreitet herkömmliche Genre- und Schreibweisen und spiegelt damit auch die Auflösung traditioneller Literaturproduktion[6]. **HRS** digitalisiert das Hotelbusiness, indem es Kundennutzen als Informationsdrehscheibe stiftet. Nicht mehr die klassische „Hotelhardware" steht im Fokus, d. h. die millionenfach vorhandenen Zimmerkapazitäten, sondern die individuelle Konfiguration aus Ort, Zeit, Preis, Kategorie usw. Das Unternehmen **All Traffic Solutions** kommt ursprünglich aus der Welt der Verkehrsschilder. Der neue Digitalisierungsschritt besteht darin, dass nicht mehr Schilder, sondern Verkehrsmanagement-Systeme verkauft werden (Wettervorschau, Verkehrsströme ...). **Rewe Digital** wurde gegründet, um die digitale Zukunft des Lebensmittel-Einzelhandels zu entwickeln. Im Kern geht es darum, den bisherigen Geschäftserfolg mit stationären Läden konsequent in Frage zu stellen und neue Konzepte zu erarbeiten. Das Unternehmen wartet nicht, bis die Konkurrenz mit der neuen Lösung loslegt, sondern möchte selber Taktgeber sein.

Diese Beispiele zeigen auf, dass Größe längst nicht mehr schützt. Die alten Business-Sprüche „too big to fail" oder „too small to have success" gelten definitiv nicht mehr. Es kommt in der digitalen Welt auf etwas anderes an: **Tempo, Beweglichkeit, Vernetzung, Umsetzung**[7]. Die Beispiele belegen auch, dass nicht die Digitalisierung an sich das Wesentliche ist. High-Tech, Cloud, IT und Systeme können viele und die Potenziale sind unendlich. Es geht vielmehr darum, zu verstehen, wie sich das Geschäft verändert, wie die Marktleistungen innoviert und die Produktivitäten verbessert werden können. Die genannten Unternehmen haben nicht deswegen Erfolg, weil sich sich mit Digitalisierung beschäftigen, sondern weil sie kompetent geführt werden und umsetzungsstark sind.

Aus einer **empirischen Studie**[8] (vgl. Abb. 2) wird die Bedeutung der Digitalisierung klar ersichtlich. Über neunzig Prozent der befragten Führungkräfte bestätigen dies. Erstaunlich ist, dass weniger als fünfzig Prozent angeben, dass ein gemeinsames Verständnis der Digitalisierung in der Führungsmannschaft vorhanden ist. Ein ähnliches Spannungsfeld zeigt sich bei der Frage nach Organisation und Geschäftsmodell: Geben fast zwei Drittel der Führungskräfte an, dass sich beides verändern wird, so ist sich nur ein Drittel im Klaren, wie Strukturen und Prozesse anzupassen sind. Es erstaunt nicht, dass über achtzig Prozent der Meinung sind, dass Personal- und Führungskräfte-Entwicklung eine Schlüsselrolle in der Digitalisierung einnehmen. Wird hingegen die Frage gestellt, ob die Führungsprozesse die Digitalisierung unterstützten, so wird dies nur mit rund dreißig Prozent bejaht. Dies belegt einmal mehr, dass viele Planungs-, Ziel- und Personalprozesse aus der alten Welt kommen und keine gute Grundlage für eine neue, digitale Welt sind. Das Fazit dieser empirisch dargestellten Phänomene ist der Befund, dass nur achtundzwanzig Prozent der Führungskräfte mit Geschwindigkeit und Wirkung der bisher gestarteten Digitalisierungsinitiativen zufrieden sind.

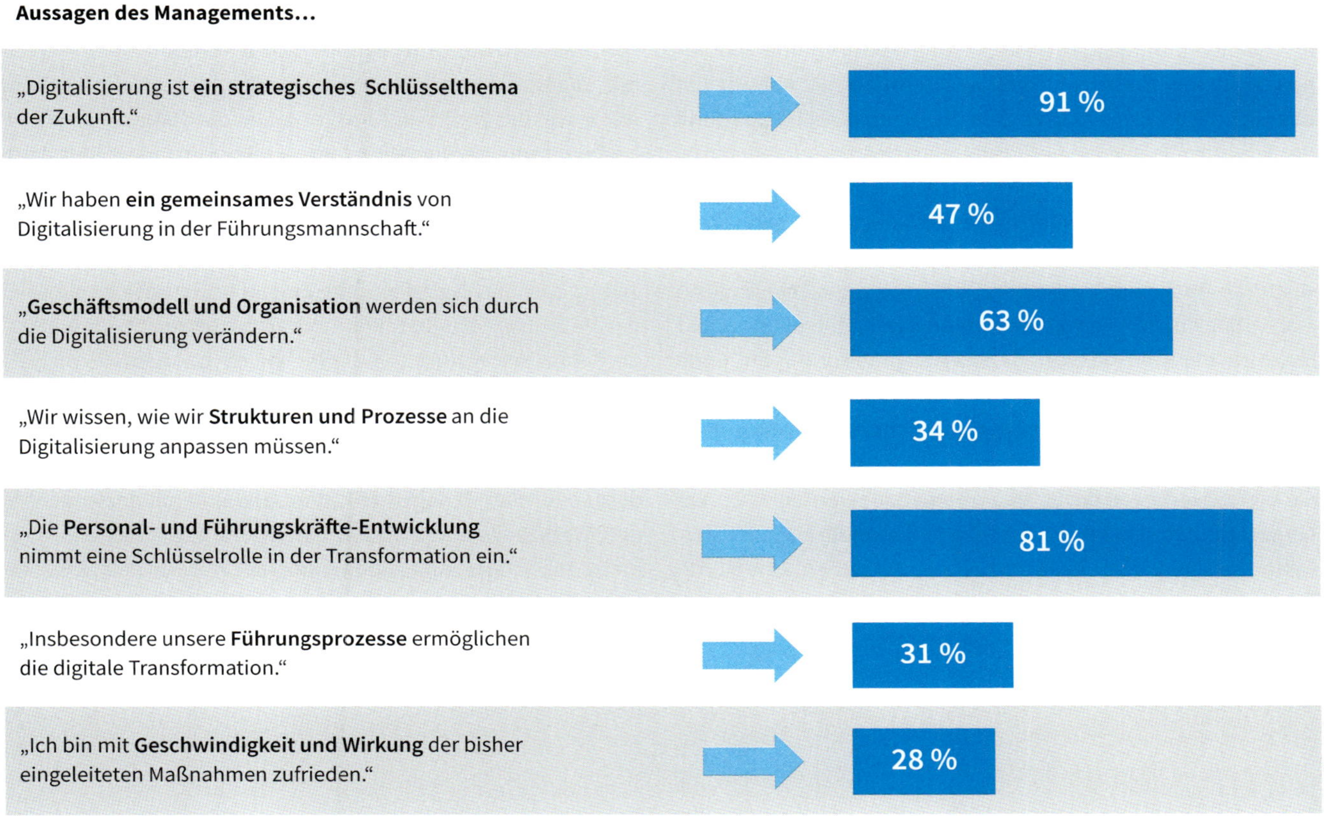

Abb. 2: Die digitale Praxis in den Unternehmen

Dieses Spannungsfeld von Wunsch und Wirklichkeit setzt sich fort, wenn Führungskräfte nach **Erfolgsfaktoren und Hindernissen** in der Umsetzung gefragt werden (vgl. Abb. 3). Für über achtzig Prozent ist klar, dass die Digitalisierung aufgrund der enormen Tragweite ein Topmanagementthema sein muss. Gleichzeitig sehen aber knapp sechzig Prozent die Gefahr, dass Digitalisierungsthemen in den bestehenden organisatorischen Strukturen „versanden". Nicht überraschend ist die Einsicht von über neunzig Prozent, dass die Digitalisierung mit klaren Botschaften vermittelt werden muss. Hingegen spricht mehr als die Hälfte davon, dass die Digitalisierung am Ende doch wieder nur ein Spezialistenthema von IT bzw. Technik bleibt und zu wenig Marktbezug und echte Vernetzung stattfindet. Fast hundert Prozent sehen die Notwendigkeit, dass die Digitalisierung in die Strategie eingebaut werden muss, wo hingegen über siebzig Prozent aber bekennen, dass mittlerweile „Parallelwelten" im Unternehmen entstehen. Eine Hürde für die Digitalisierung sind die begrenzten Ressourcen, insbesondere von erfahrenen Mitarbeitern. Daher ist für fast siebzig Prozent der Führungskräfte klar, dass es eine „systematische Müllabfuhr" braucht, um Ressourcen freizulegen. Hingegen sprechen wiederum fast hundert Prozent selbstkritisch davon, dass sich das Unternehmen mit zu vielen Themen verzettelt. Digitalisierung bedeutet Veränderung und diese gelingt nur, wenn die Besten im Unternehmen die Themen vorwärtstreiben und eine Digitalisierungskoalition bilden. Über achtzig Prozent sehen diesen Punkt, gleichzeitig sprechen rund vier von zehn davon, dass die Falschen mit Digitalisierungsthemen beauftragt sind. Fast neunzig Prozent sind sich bewusst, dass die Digitalisierung eine konsequente Anpassung der Prozesse, Schnittstellen und Verantwortlichkeiten erfordert. Aber fast ebenso viele sprechen davon, dass die digitale Neue Welt mit der Denke und vor allem mit der Organisation der Alten Welt umgesetzt wird. Dieser Befund ist an sich nicht pathologisch, verweist aber einmal mehr auf die Herausforderung für das Management, sich aktiv und mit entsprechenden Werkzeugen um diesen Veränderungsprozess zu kümmern. Die Studie zeigt zudem noch auf, dass es kein Erkenntnisproblem des Managements hinsichtlich der Erfolgsfaktoren gibt[9)]. Erfolgsfaktoren und Orientierungspunkte sind im Großen und Ganzen klar. Die Herausforderung bzw. der Engpass ist die Umsetzung.

Die Einsicht: Das Management kennt die Erfolgsfaktoren für die Digitalisierung…		→	**Die Praxis:** Das Management sieht aber folgende Probleme…	
… Digitalisierung als **Top-Management-Agenda**	81 %	→	… Delegation und Versandung in **„organisatorischen Silos“**	59 %
… Vermittlung einer klaren **Digitalisierungs-Botschaft**	91 %	→	… Am Ende ein **Spezialisten-Thema (IT, Technik)** und zu wenig Markt und Vernetzung	56 %
… Konsequenter Einbau in die **Strategie** (Unternehmen, Funktionen, Regionen…)	97 %	→	… **„Parallelwelten“** zu offiziell geltenden Zielen und zu wenig Vernetzung der Themen	72 %
… **„Systematische Müllabfuhr“** zum Freispielen von Ressourcen	69 %	→	… **Verzettelung** in zu vielen Themen	97 %
… Schaffung einer **„Digitalisierungs-Koalition“** der besten Leute im Unternehmen	81 %	→	… Beauftragung der **„Falschen“** (Neue, Unerfahrene…)	44 %
… Konsequente Anpassung bzw. **Ausrichtung der Prozesse, Schnittstellen und Verantwortlichkeiten**	88 %	→	… Umsetzung der neuen digitalen Welt mit der **Organisation der alten Welt**	81 %

Abb. 3: Erfolgsfaktoren und Hindernisse in der Umsetzung der Digitalisierung

4. Fazit und Aufbau des Buches

Es gibt mittlerweile viele Beispiele, Erfahrungswerte und Kenntnisse, um ein erstes Fazit zur Digitalisierung zu ziehen. Erstens: Die Digitalisierung verändert nichts an den **Naturgesetzen des Wirtschaftens**. Auch in Zukunft entscheiden Kundennutzen, Marktanteil, Innovation, Produktivität, Profitabilität, finanzielle Stabilität und Attraktivität für gute Leute[10]. Jede digitale Lösung muss sich daran messen lassen, ob der Kunde bereit ist, dafür eine Rechnung zu bezahlen. Zweitens: Die Digitalisierung verändert alles hinsichtlich notwendiger **Veränderungsfähigkeit**. Dieser „Change" wird immer vernetzter, zunehmend schneller und viel umfassender. Gerade deswegen sind Methoden und Werkzeuge erforderlich, um die richtigen Diskussionen zu führen, entsprechende Entscheidungen zu treffen und rasch in die Umsetzung zu gehen.

Der **Aufbau des Buches** (vgl. Abb. 4) orientiert sich an den Erfahrungen der Erfolgsbeispiele, den empirischen Erkenntnissen und an den unternehmerischen Anforderungen. Im Zentrum stehen die Grundsätze der Digitalisierung: Transformation, Kundennutzen, Produktivität, Vernetzung, Tempo und Resultate. Diese Prinzipien sind die Orientierungspunkte für das Verständnis und für die Umsetzung der Digitalisierung. Sie leiten auch die einzelnen Kapitel des Buches.

Im ersten Teil geht es um den Einstieg in die Digitalisierung, d. h. den Entwurf eines Szenarios. Besonders wichtig sind hier ein gemeinsames Digitalisierungsverständnis im Management, die Marktsicht und das zügige Anstoßen des Digitalisierungsprozesses. Der zweite Teil behandelt die Entwicklung der Digitalisierungsagenda. Leitbild, Kundennutzen und letztlich eine Digitalisierungsstrategie stellen sicher, dass die Digitalisierung konsequent marktorientiert ist. Im dritten Teil steht die Herausforderung im Zentrum, die Organisation produktiv zu machen. Dies betrifft Schnittstellen, Prozessaufträge, Funktionenprogramme, Kostentreiber und zusammenfassend ein Produktivitätsprogramm aus der Digitalisierung. Im vierten Teil geht es um die Kultur der digitalen Veränderungsfähigkeit. Change, Kommunikation, aber auch permanente Verbesserung und entsprechende Personalentwicklung bilden die Eckpunkte. Der letzte Teil behandelt die Sicherstellung einer raschen Umsetzung. Scorecards, agile Projektmethoden, Schlüsselaufträge und professionelles Umsetzungscontrolling sollen Führungskräften helfen, das zu tun, wofür sie bezahlt werden: Resultate zu erbringen.

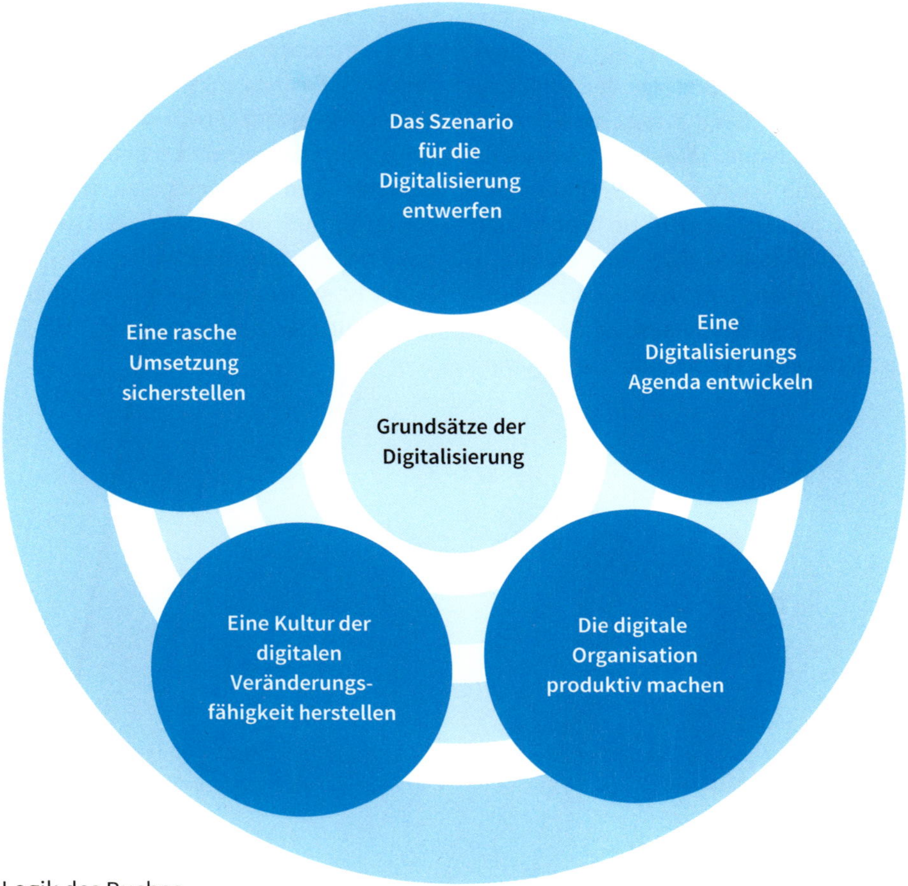

Abb. 4: Aufbau und Logik des Buches

In jedem **Kapitel** wird die Thematik anhand einer Definition und von Zielen im Rahmen der Digitalisierung vorgestellt. Dies beinhaltet auch die entsprechenden digitalen Schlüsselbegriffe und Synonyme. Anschließend erfolgt eine Darstellung, worin der konkrete Nutzen des jeweiligen Themas für das Unternehmen besteht und wie Anwendung und Umsetzung erfolgen. Für jedes Kapitel werden ein Modell und Kernthemen im Sinn eines Überblicks bzw. einer Checkliste mitgeliefert. Dies soll das gemeinsame Verständnis erleichtern und den Erarbeitungsprozess beschleunigen. Der eigentliche Kern ist dann das Werkzeug, das in Form eines neutralisierten Beispiels veranschaulicht wird. All das stellt sicher, dass ein rascher Einstieg in das Thema gelingt, Diskussion und Entscheidung zügig verlaufen und umsetzungsorientiert vorgegangen wird. Am Ende des Buches werden die Werkzeuge nochmals zusammengefasst. Den Abschluss bilden das Literatur- und Stichwortverzeichnis. Das Buch muss nicht zwingend von vorne bis hinten gelesen werden. Es ist so geschrieben, dass der Einstieg an jeder Stelle erfolgen kann. Damit ist sichergestellt, dass die Inhalte sofort angewendet und genutzt werden können (vgl. Abb. 5).

1. Entwicklung einer **gemeinsamen Sichtweise im Management** zum Thema „Digitalisierung“
2. **Assessment des eigenen Unternehmens** hinsichtlich der richtigen Aufstellung für die digitale Welt
3. Kritische Prüfung des bisherigen **Organisations- und Führungsverständnisses** zur Digitalisierung
4. Beschleunigung von **Diskussion, Entscheidungsfindung und Umsetzung** der digitalen Schlüsselthemen
5. Bereitstellung eines Werkzeugs für das **Umsetzungscontrolling**
6. Anwendbarkeit auf **Unternehmen, Geschäftsfelder, Marktleistungen, Start-ups, Projekte**

Abb. 5: Anwendung und Nutzung des Buches

Im Zentrum des Buches steht nicht die Digitalisierung, sondern die **Umsetzung der Digitalisierung**. Dies ist keine sprachliche Spitzfindigkeit, sondern ein wesentlicher Unterschied. Kernaussagen, Inhalte, Methoden und Werkzeuge verfolgen nur den einen Zweck: Unternehmer, Führungskräfte und Mitarbeiter zu unterstützen, ihre Organisation für die digitale Welt fit zu machen und auch in Zukunft solide Geschäfte zu betreiben.

Literatur

1. Stöger, R.: *Die wirksamsten Management-Werkzeuge*, Stuttgart 2016, S. 2 ff.
2. Quinton, S./Simkin, L.: *The Digital Journey: Reflected Learnings and Emerging Challenges*, in: International Journal of Management Reviews, online 19.04.2016.
3. Hoffmeister, C.: *Digital Business Modelling*, München 2015, S. 320 ff.
4. Porter, M./Heppelmann, J.: *Wie smarte Produkte Unternehmen verändern*, in: HBM 12/2015, S. 6 ff.
5. Vgl. zu den Beispielen: Stöger, R.: *Der Digital-Transformator. Die Chancen der Digitalisierung umsetzen*, in: zfo Zeitschrift für Führung + Organisation, 05/2016.
6. Giordano, P.: *James Joyce 2.0*, in: Lettre 04/2016, S. 51.
7. Vgl. Kotter, J.: *Accelerate*, München 2015, v. a. Kap. 5.
8. Stöger, R.: *Umsetzung der Digitalisierung. Fazit 1.0 in der Neuen Welt*, in: Zeitschrift für Organisations-Entwicklung, 01/2017. Die diesem Beitrag zugrunde liegende Studie fand 2015/2016 statt. Aufgenommen wurden 32 Unternehmen aller Branchen und Unternehmensgrößen mit insgesamt 93 Gesprächen.
9. Vgl. Gassmann, O./Sutter, P.: *Digitale Transformation im Unternehmen gestalten*, München 2016, S. 155 ff.
10. Vgl. Malik, F.: *Strategie*, Frankfurt 2011, S. 291.

DAS SZENARIO FÜR DIE DIGITALISIERUNG ENTWERFEN

Navigator

1. Ein gemeinsames Digitalisierungsverständnis im Management entwickeln
2. Ein Szenario für die digitale Transformation erarbeiten
3. Das digitale Substitutionsradar nutzen
4. Das Digitalisierungsbenchmarking einsetzen
5. Eine Wettbewerbsanalyse mit den Digital Five Forces durchführen
6. Mit dem Change-Camp die Digitalisierung anstoßen

1. Ein gemeinsames Digitalisierungsverständnis im Management entwickeln

Definition und Ziele im Rahmen der Digitalisierung

Bevor Digitalisierungsinitiativen gestartet werden, muss die Führung ein gemeinsames Verständnis entwickeln. Dies betrifft die Ausgangslage, Herausforderungen und eine erste Abgrenzung von „Digitalisierung“. Zugleich wird der Status erhoben, d. h. bereits umgesetzte digitale Lösungen und laufende bzw. geplante Projekte.

Nutzen für das Unternehmen

- Eine **einheitliche Meinung in der Führung** zur Digitalisierung
- Eine **Abgrenzung**, was unter Digitalisierung im Unternehmen zu verstehen ist und was nicht
- Die **Sammlung und nüchterne Beurteilung**, was bereits an Digitalisierung realisiert wurde
- Eine Zusammenfassung und damit **Überblick zu gestarteten bzw. geplanten Digitalisierungsinitiativen**
- Eine **solide Begründung und Auslegeordnung für die Digitalisierung** im Unternehmen

Digitale Schlüsselbegriffe und Synonyme

Abgrenzung der Digitalisierung, Beurteilung der Ausgangslage, Digitalisierungsdefinition, Digitalisierungsstatus, Gemeinsames Digitalisierungsverständnis

Anwendung und Umsetzung

- **Beurteilung der aktuellen Situation** zur Digitalisierung im Unternehmen, d. h. was vorhanden ist bzw. was nicht
- Darstellung der **Herausforderungen als Begründung** für die Digitalisierung
- Entwicklung einer (ersten) **Definition von Digitalisierung** durch das Management
- Erfassung bereits **umgesetzter digitaler Lösungen**
- Darstellung **gestarteter bzw. geplanter Digitalisierungsinitiativen** (bzgl. Markt und Produktivität)

Literatur

Davenport, T.: *Big Data at Work*, Harvard 2014.
Malik, F.: *Navigieren in Zeiten des Umbruchs*, Frankfurt 2015.

1. Digitalisierungsverständnis im Management: Modell und Kernthemen

1. Beurteilung der aktuellen Situation zur Digitalisierung im Unternehmen	1. Aktueller **Digitalisierungsstand** im Unternehmen (Maßnahmen, Projekte, „Baustellen“…) 2. **Verständnis im Unternehmen** bezüglich Digitalisierung (Definition, Anwendungsfelder …) 3. **Nachvollziehbarkeit bzw. Schriftlichkeit** der Digitalisierungs-Entscheidungen, -dokumente … 4. Vorhandene bzw. auszubauende **Digitalisierungskompetenzen**
2. Geschäftliche Herausforderungen bezüglich der Digitalisierung	1. **Treiber für Digitalisierung aus dem Markt** heraus, v. a. Kunden, Konkurrenten, Lieferanten … 2. **Substitutionsgefahr** durch Digitalisierung (v. a. auch aus anderen Branchen) 3. **Digitalisierungspotenziale** für Produkte, Dienstleistungen, Geschäftsmodelle … 4. Notwendige **Produktivitäts-, Prozess- bzw. Qualitätsoptimierung** durch Digitalisierung
3. Definition von Digitalisierung im Unternehmen	1. **Abgrenzung bzw. Darstellung**, was unter Digitalisierung verstanden wird 2. Explizite **Aussagen über betroffene Digitalisierungsthemen**: Marktstellung, Kundennutzen, Qualität, Innovation, Produktivität, Profitabilität, Unternehmenskultur … 3. **Negativabgrenzung**, was nicht unter die Digitalisierung fällt 4. Klarheit über die **notwendigen Kommunkationserfordernisse**, damit gemeinsames Digitalisierungsverständnis vorhanden ist
4. Umgesetzte digitale Lösungen	1. Darstellung, welche **Digitalisierungsthemen bereits realisiert** wurden 2. Aufnahme von Themen, die nicht unter „Digitalisierung“ laufen, de facto aber **Digitalisierungswirkung** haben 3. Herstellung von **Überblick** zu den umgesetzten Maßnahmen, Projekte, Strategien …
5. Laufende Projekte (Markt bzw. Produktivität)	1. Aufnahme aller **diskutierten, geplanten bzw. gestarteten Themen mit Digitalisierungsbezug** 2. Darstellung aller laufenden Themen mit **Digitalisierungswirkung**, die nicht mit„Digitalisierung“ bezeichnet werden 3. **Zusammenfassung** aller relevanten Themen

1. Digitalisierungsdefinition: Werkzeug und Beispiel (Anlagenbau)

1. Beurteilung der aktuellen Situation zur Digitalisierung im Unternehmen	1. Zahlreiche digitalisierungselevante Projekte bzw. Schlüsselmaßnahmen in Planung bzw. Umsetzung (Bsp. Beschaffung …) 2. Kein Überblick im Unternehmen bzgl. Digitalisierungsthemen (laufende Themen, Verbindung zwischen diesen Themen …) 3. Keine Strategie bzw. gemeinsame Zielsetzung für große Digitalisierungsinitiativen 4. An unterschiedlichen Stellen vorhandene Kompetenzen bzgl. Digitalisierung, aber fehlender Überblick und keine entsprechende Steuerung des Wissens bzw. der Personalentwicklung
2. Geschäftliche Herausforderungen bezüglich der Digitalisierung	1. Zunehmender Digitalisierungsdruck seitens der Kunden bzw. Lieferanten (Anbindung der Prozesse, digitale Schnittstellen, digitale Kommunikation …) 2. Steigende Transparenz im Markt bzgl. der Produkte, Dienstleistungen, Preise und Konditionen durch Transparenz im Internet 3. Neue digitale Geschäftsmodelle, v. a. bei den industriellen Dienstleistungen im Markt (Service, Wartung, Ausbildung …) 4. Intensivere Zusammenarbeit mit ausgelagerten Wertschöpfungsaktivitäten, v. a. hinsichtlich Logistik, F&E-Partnerschaften
3. Definition von Digitalisierung im Unternehmen	1. Kundennutzen: Digitalisierung sind alle elektronischen und automatisierten Leistungen, die Kundennutzen stiften, uns Wettbewerbsvorteile bringen und für die der Kunde bereit ist, eine Rechnung zu bezahlen. Daran muss sich auch „digitale Innovation“ messen lassen. 2. Produktivität: Digitalisierung betrifft die Produktivitätssteigerung in allen Prozessen und allen Stufen der Wertschöpfung. Dies bezieht sich auch auf alle Schnittstellen zu Lieferanten und Geschäftspartnern. 3. Geschäftsmodell: Digitalisierung kann auf Grundlage des bestehenden Geschäftsmodells erfolgen oder auch für neue Geschäftsmodelle gelten. Wesentlicher Treiber hierfür ist der Wissensaufbau bzgl. Digitalisierung. 4. Digitalisierung ist viel mehr als die Nutzung von Internet, die Digitalisierung von Dokumenten, die Präsenz auf Social Media und „Gimmicks“ ohne spürbaren Nutzen.

1. Digitalisierungsstatus: Werkzeug und Beispiel (Anlagenbau)

Bereich/Prozess	Umgesetzte digitale Lösungen	Laufende Marktprojekte	Laufende Produktivitätsprojekte
Vertrieb und Kundenservice	▪ Web-Shop für Standardersatzteile ▪ Digitales Kundenportal für allgemeine Informationen (Tagungen, Messen …) ▪ Infoboard für Kunden (Passwort) mit spezifischen Kundendaten bzw. der Auftragshistorie ▪ …	▪ Entwicklung der Service-Apps mit direkter Schnittstelle zum Kundenservice ▪ Ausbau der Interaktivität über das Portal bzw. alle bestehenden Apps (Statusmeldungen, Beratung, Rückmeldungen …) ▪ …	▪ Aufbau des Kunden-Prozess-Workflows mit allen Kundenkontakt-Punkten ▪ Vollumstellung auf elektronische Einsatzsteuerung ▪ Einführung Web-Chat ▪ …
Beschaffung und Eingangslogistik	▪ Digitale Nachverfolgung Beschaffungs- und Logistikstatus ▪ Automatisierte Schnittstellen zur Lager- bzw. Warenwirtschaft ▪ …	▪ Entwicklung GPS-Lösung für Liefervorankündigung ▪ Entwicklung digitales Lieferfenster ▪ …	▪ Weiterentwicklung Lieferanten-Portal ▪ Weiterentwicklung vorhandene EDI-Lösung ▪ …
Personal und Personalentwicklung	▪ Einführung der elektronischen Personalakte in den Standorten A, B, C ▪ Digitale Lehrgänge zu den Themen „CAD-PX“, Kundenprozesse, Service-Basispaket ▪ …	▪ Weiterentwicklung Personalmarketing (Social Media …) ▪ Intensivierung des digitalen Austauschs mit Hochschulen bzw. Recruiting-Portalen ▪ …	▪ Roll-out der elektronischen Personalakte ▪ Aufbau digitaler Kompetenz-Datenbank ▪ Ausbau elektronischer Wissens-Apps ▪ …
Engineering	▪ …		

2. Ein Szenario für die digitale Transformation erarbeiten

Definition und Ziele im Rahmen der Digitalisierung

Digitalisierung ist kein Selbstzweck. Damit die richtigen Digitalisierungsthemen identifiziert werden können und entsprechende Sensibilisierung vorhanden ist, wird am Beginn ein Transformationscockpit erarbeitet. Dort wird die Veränderung des Geschäftes von der Alten Welt in die Neue Welt dargestellt.

Nutzen für das Unternehmen

- **Gemeinsames Verständnis im Management** über die Veränderung des Geschäftes
- Klare, **zugespitzte Formulierung** „ohne Ausflüchte“
- Grundlage zur Verdeutlichung der **Notwendigkeit zur Digitalisierung**
- **Anknüpfung für Digitalisierungsprogramme**, Strategien, Schlüsselprojekte …
- Wesentlicher Bestandteil in der Kommunikation und im **Digitalisierungsradar**

Digitale Schlüsselbegriffe und Synonyme

Change-Cockpit, Change-Treiber, Digitaler Change, Digitale Transformation, Digitalisierungsszenario, Szenario der digitalen Welt, Transformationscockpit, Transformationslandkarte, Transformationstreiber

Anwendung und Umsetzung

- Bestimmung der wichtigsten **Transformationsfaktoren** (Kunden, Wettbewerb, Marktleistungen, Prozesse …)
- Zugespitzte Beschreibung dieser Faktoren in der (analogen) **Alten Welt**
- Provokative Darstellung dieser Faktoren für die (digitale) **Neue Welt**
- Parallele **Entwicklung eines Themenspeichers** für die nächsten Phasen
- Einbau des Cockpits in **Digitalisierungsprogramme**

Literatur

Hoffmeister, C./von Borcke, Y.: *Think New*, München 2014.
Malik, F.: *Strategie*, Frankfurt 2011.

2. Digitales Transformationsszenario: Modell und Kernthemen

1. Marktposition und Kundennutzen	1. Veränderung der **Spielregeln im Wettbewerb bzw. in der Wettbewerbsstruktur** (Kunden, Konkurrenten, Lieferanten) 2. Veränderung des gesellschaftlichen, wirtschaftlichen, politischen und technischen **Umfelds** 3. **Kundennutzen** im bisherigen Geschäft (kaufentscheidende Kriterien) 4. Bisherige **Stärken** und notwendiger Anpassungsbedarf
2. Innovationsleistung und Geschäftsmodell	1. **Neue Lösungen im Geschäft (Substitution)** und Veränderung des Kundennutzens (Qualität, Preis) 2. Auswirkungen auf das **Geschäftsmodell**: Produkt, Dienstleistung, Geschäftsmodell 3. **Künftige Spielregeln** im Geschäft (Kunden, Lieferanten, Konkurrenten …) 4. Relevante **Veränderungen im Umfeld** (gesellschaftlich, wirtschaftlich, politisch, technisch …)
3. Produktivität und Kostenposition	1. Veränderungen in der **relativen Kostenposition** (im Vergleich zum Branchen- und Substitutionswettbewerb) 2. Transformation in der **Wertschöpfungskette** (Entwicklung, Leistungserstellung, Vertrieb, IT, Controlling …) 3. Produktivitätssteigerung in den **Prozessen** (Prozessleistung, Komplexität …) 4. Nötige Veränderungen in den **Führungsprozessen** (Strategie-, Ziel-Prozess …)
4. Kompetenzen und Attraktivität für die richtigen Leute	1. Heutiger bzw. künftiger **Mitarbeiter- bzw. Führungskräfte-Bedarf** 2. Anpassung der **Personal- und Führungskräfte-Entwicklung** an die Neue Welt 3. Anpassung der **Kompetenzen** an die Neue Welt 4. Notwendige Veränderung der **HR-Systeme** (Karriere, Beförderung, Entgelt …)
5. Liquidität und Profitabilität	1. Entwicklung von **Zahlungsbereitschaft und Zahlungsverpflichtungen** (bei uns, bei Konkurrenten, Kunden und Lieferanten) 2. Künftige Steuerung der **Liquidität** 3. Entwicklung der finanziellen **Stabilität, des Eigenfinanzierungs- und Verschuldungsgrades** 4. Anpassung der **Steuerungssysteme**

2. Digitales Transformationscockpit: Werkzeug und Beispiel (Großhandel)

Alte Welt (analog)		Neue Welt (digital)
1. Dominanter Anteil kleiner bzw. mittlerer Kunden mit übergreifender Geschäftskenntnis (80 % des Marktes)	→	1. Marktbereinigung und zunehmende Konzentration auf Kundenseite (60–70 %) mit steigender Einkaufskompetenz
2. Fokus auf Ware, Logistik, Bestell- bzw. Lieferabwicklung	→	2. Zunehmende Bedeutung von Dienstleistungen (Beratung …) und Auslagerung von Leistungspaketen (Warenwirtschaft, IT …)
3. Hoher Anteil spezialisierter, kleiner Wettbewerber und geringe Wettbewerbsintensität bei Gesamtpaketen	→	3. Konsolidierung auf Anbieterseite und Zunahme kompetenter Anbieter für Gesamtlösungen (inkl. Dienstleistungen)
4. Geringer Prozess-Anbindungsgrad zwischen GH und Kunden (Logistik, Fakturierung …)	→	4. Prozess- und IT-Anbindung als entscheidender Wettbewerbsvorteil (Vertrieb, Beschaffung, WaWi …)
5. „Auskömmliches" Preisniveau v. a. bei Gesamtleistungen und in den meisten Warengruppen	→	5. Zunehmender Preisdruck durch Konzentration auf Kunden- und Anbieterseite: Zwang zur Produktivitätssteigerung
6. …	→	6. …

Themenspeicher für die Digitalisierung

Nr.	Schwerpunkt	Konkretisierung/Digitalisierungsvorschläge	Themen-Verantw.
1	Outsourcing-Partnerschaft für Dienstleistungen und WaWi	Entwicklung von Systemlösungen zur Übernahme von Kundenprozessen: Bestellprozesse, WaWi/Logistik …	Messner
2	Ausbau der Systemanbindung	Integrationsplan zur gezielten Anbindung von Kunden (Vermarktungsaktionen, Beschaffung …)	Gerhardt
3	Produktivitätssteigerung	Digitalisierungs- bzw. Automatisierungsprogramm: Vertrieb, WaWi	…
4	…		

3. Das digitale Substitutionsradar nutzen

Definition und Ziele im Rahmen der Digitalisierung

Bevor digitale Lösungen entwickelt werden, sollte ein klares Bild des Marktes aufgenommen sein. Es geht insbesondere um die Frage, ob das bestehende Geschäft von neuen (digitalen) Lösungen substituiert wird. Je mehr die analoge, Alte Welt unter Druck gerät, umso größer ist der Digitalisierungsgrad des Marktes.

Digitale Schlüsselbegriffe und Synonyme

Digitalisierungsgrad des Marktes, Innovationsprofil des Marktes, Lebenszyklus des Marktes, Substitutionsprofil, Substitutionsradar, Transformationsradar

Nutzen für das Unternehmen

- Einschätzung des **Digitalisierungsgrads des Marktes**
- Beurteilung der **digitalen Innovationsnotwendigkeit** (neue digitale Produkte, Dienstleistungen, Geschäftsmodelle)
- Finden des richtigen Zeitpunkts zum **Umstieg auf die digitale Neue Welt**
- Sicherstellung einer **gemeinsamen Marktsicht**
- Zentraler Bestandteil einer **Digitalisierungsstrategie**

Anwendung und Umsetzung

- **Entwicklung von polaren Beurteilungskriterien** des jeweiligen Marktes
- **Bewertung des Marktes** anhand des Profils der analogen Alten Welt und der digitalen Neuen Welt
- Gemeinsame **Beurteilung des (digitalen) Substitutionsgrades** des Marktes
- Entwicklung von **Ansätzen für die Digitalisierung**
- Einbau des **Radars in die Digitalisierungsstrategie**

Literatur

Kotter, J.: *Accelerate*, München 2015.

Stöger, R.: *Innovationsmanagement für die Praxis*, Stuttgart 2011.

3. Digitales Substitutionsradar: Modell und Kernthemen

1. Phase im Lebenszyklus des Marktes	1. **Position des relevanten Marktes im Lebenszyklus**: Start/Einführungs-, Wachstums-, Reife-/Sättigungs- bzw. Rückgangsphase 2. **Plausibilisierung** mit anderen Marktinformationen (Qualität, Preise, Wettbewerbsintensität …)
2. Zahl der Wettbewerber	1. Quantifizierung der **relevanten Wettbewerber** 2. Beurteilung bzgl. **Wachstum oder Rückgang** (Konzentration)
3. Wettbewerbsintensität, Preiskampf	1. **Einschätzung der digitalen Wettbewerbsintensität** hinsichtlich: Qualität, Preis, Konzentration, Ausweitung … 2. **Plausibilisierung** mit der Entwicklung des Marktes im Lebenszyklus
4. Qualität aus Kundensicht	1. **Entwicklung der Qualitätsposition im Markt** (Kundennutzen, kaufentscheidende Kriterien) inkl. Konsequenzen für digitale Lösungen 2. **Darstellung der relativen Qualität**, d. h. Unterschiede bzw. Vergleichbarkeiten
5. Breite der Produkte/Dienstleistungen/Sortimente	1. **Beurteilung des Leistungsprogramms**: Wachstum, Stagnation, Konsolidierung 2. **Plausibilisierung** mit dem Lebenszyklus, der Qualitäts- und Preisposition, dem Umsatz, dem Ergebnis bzw. den Deckungsbeiträgen
6. Innovationen	1. **Einschätzung der Innovationsmöglichkeiten** im relevanten Markt (einfach vs. schwierig) inkl. digitaler Lösungen 2. Prüfung der **tatsächlich vom Kunden wahrgenommenen Innovation** (Markterfolg)
7. Innovationsimpuls	1. **Beurteilung des Impulses für Innovationen** aus der Branche oder aus anderen Branchen 2. Prüfung tatsächlich **umgesetzter Innovationen** inkl. entsprechender Schlussfolgerungen für die Digitalisierung
8. Produktivitätsseitiger Nutzen durch Digitalisierung (Effizienz)	1. Darstellung der realen **Wirkung von Digitalisierung auf die Produktivität** (Prozesse, Kosten, Durchlaufzeiten …) 2. **Plausibilisierung** mit Lebenszyklus, Wettbewerbsintensität und Preisentwicklung des Marktes
9. Marktseitiger Nutzen durch Digitalisierung (Kundennutzen)	1. Beurteilung des **echten Kundennutzens durch digitale Lösungen** (kaufentscheidende Kriterien, Preis-Leistungsverhältnis …) 2. **Abgleich mit der Qualitätsposition** und den Innovationsansätzen im Markt

3. Digitales Substitutionsradar: Werkzeug und Beispiel (Versicherung)

Kriterium	Analoge Alte Welt	Profil	Digitale Neue Welt/Substitution
1. Phase im Lebenszyklus des Marktes	Start/Einführungs- bzw. Wachstumsphase	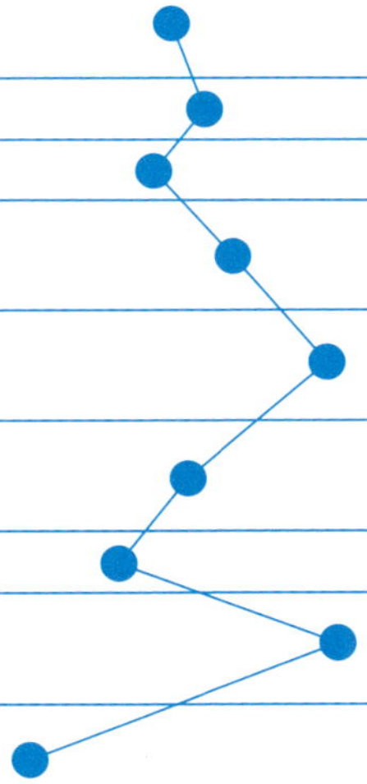	Reife- bzw. Rückgangsphase
2. Zahl der Wettbewerber	wächst		geht zurück bzw. konzentriert sich
3. Wettbewerbsintensität, Preiskampf	nicht stark ausgeprägt		stark ausgeprägt
4. Qualität aus Kundensicht	Unterschiede bei den Wettbewerbern		vergleichbares Niveau bei den Wettbewerbern
5. Breite der Produkte/Dienstleistungen/ Sortimente	relativ eng, überschaubar		breit, wachsend, unübersichtlich
6. Innovationen	relativ einfach möglich		im Rahmen des bestehenden Geschäftsmodells schwierig
7. Innovationsimpuls	primär aus der Branche		primär aus anderen Branchen
8. Produktivitätsseitiger Nutzen durch Digitalisierung (Effizienz)	überschaubar		erfolgsentscheidend für Prozesse
9. Marktseitiger Nutzen durch Digitalisierung (Kundennutzen)	relativ gering		stark ausgeprägt

Beurteilung des digitalen Substitutionsgrades	▪ Der Markt befindet sich in der Reife- bzw. Sättigungsphase in allen relevanten Geschäften im Leben und Nicht-Leben-Bereich. ▪ Die Digitalisierung hat seit ca. acht Jahren „schleichend“ stattgefunden, wird aber zu einem Substitutionsthema v. a. für Standardleistungen im Privat- und (Klein) Gewerbekunden-Geschäft.
Ansätze für die Digitalisierung	▪ Deutlicher Ausbau der App-Lösungen für definierte Leben- und Nichtleben-Produkte ▪ Durchgängige Umstellung des Vertriebs auf die Plattform „SmartInsurance 2.0“ ▪ Komplette Automatisierung der definierten Standardprozesse im Privat- und Gewerbekundengeschäft ▪ Produktivitätsprogramm für alle Filialen

4. Das Digitalisierungsbenchmarking einsetzen

Definition und Ziele im Rahmen der Digitalisierung

Mit dem Digitalisierungsbenchmarking werden gezielt Digitalisierungsaktivitäten des Wettbewerbs geprüft. Themen sind: Produkte, Dienstleistungen, Geschäftsmodelle, Produktivitätslösungen usw. Die Benchmarking-Partner können innerhalb oder außerhalb der Branche liegen.

Digitale Schlüsselbegriffe und Synonyme

Best-Practice, Branchenvergleich, Digitalisierungsbenchmarking, Konkurrenzvergleich, Leistungsvergleich, Wettbewerbsvergleich

Nutzen für das Unternehmen

- **Vergleich der digitalen Initiativen im Wettbewerb** (in und außerhalb der Branche)
- **Systematisches Lernen von den Besten** und „Blick vom Markt herein“
- **Organisatorisches Lernen** mit entsprechenden Schlussfolgerungen und Umsetzungsmaßnahmen
- **Steigerung der digitalen Wettbewerbsfähigkeit** hinsichtlich Kundennutzen und Produktivität
- Input für **Digitalisierungsstrategie und KVP**

Anwendung und Umsetzung

- Aufnahme der **digitalen Initiativen bzw. Pläne** des Wettbewerbs
- **Darstellung im Portfolio** anhand Umsetzungswahrscheinlichkeit und Risiko (Bedrohung)
- Ausarbeitung des **digitalen Benchmarks im Vergleich zur eigenen Position**
- Entwicklung eines **Umsetzungsprogramms**
- Einbau des Benchmarks in die **Digitalisierungsstrategie und in den KVP**

Literatur

Chakravorti, B./Chaturvedi, R.: *How Benchmarking Can Help Countries Become More Digital*, in: Harvard Business Review 03/2016.
Subhash, R.: *Benchmarking for Performance Evaluation*, New Dehli 2015.

4. Digitalisierungsbenchmarking: Modell und Kernthemen

1. Marktleistungen und Innovationen	1. **Neue digitale Lösungen** für Produkte, Dienstleistungen bzw. Geschäftsmodelle 2. **Veränderung der Marktstellung** durch Digitalisierung (Marktanteil, Image …) 3. Generell: **neue digitale Ansätze zur Verbesserung des Kundennutzens** im Sinn echter Innovationen
2. Produktivität und Profitabilität	1. Entwicklung der **relativen Kostenposition durch digitale Lösungen bzw. Prozesse** 2. Steigerung der **Prozessproduktivität** (Qualität-Zeit-Kosten) 3. **Verbesserung von Liquidität bzw. Profitabilität** durch digitale Lösungen bzw. Ansätze
3. Sourcing und Kooperationen	1. **Veränderung der Wertschöpfungs-Logik** bzw. Organisation durch Digitalisierung 2. **Treiber für In- bzw. Outsourcing** durch digitale Modelle bzw. Verfahren 3. **Notwendige Kooperationen, Allianzen, M&A** aufgrund der neuen, digitalen Welten
4. Personal- und Führungsqualität	1. **Veränderung der Personal- bzw. Führungskräfte-Entwicklung** in der neuen, digitalen Welt 2. Digitale **Professionalisierung in den Personal- und Führungsprozessen** (MbO, Planungsprozesse …) 3. Positionierung der **Arbeitgeber- bzw. Unternehmensattraktivität** durch die Digitalisierung
5. Umsetzungs- und Veränderungskompetenz	1. **Steigerung der Umsetzungskompetenz** bzw. Wirksamkeit durch die Digitalisierung 2. **Veränderungsbereitschaft und -kompetenz** als Voraussetzung für die neue, digitale Welt 3. Positiver **Impuls auf die Unternehmenskultur** durch die Digitalisierung

4. Digitalisierungsbenchmarking: Werkzeug und Beispiel (Pharma-Industrie)

Risiko/Bedrohung			
hoch		▪ e-Logistik-Services ▪ e-Warenwirtschaftspakete	▪ Digitale Apotheke/ Online-Handel
mittel	▪ Beschaffungsportale	▪ Digitaler Direktvertrieb/ B2C-Lösungen seitens Hersteller	▪ „Pharma-Sortiment-Light“ mit digitalem Vertrieb seitens LEH ▪ e-HR-Plattformen
niedrig			▪ Category-Management-Lösungen
	niedrig	mittel	Hoch

Umsetzungswahrscheinlichkeit

4. Digitalisierungsbenchmarking: Werkzeug und Beispiel (Pharma-Industrie)

Geschäftsfeld:	Digitalisierung im Pharma-Markt GB/IRL/Skandinavien			
Verantw./Datum:	**M. Biller/31.03.**			
A. Schlüsselthema	Risiko/Bedrohung	Umsetzungswahrscheinlichkeit	Bester Benchmark	Eigene Position
1. Digitale Apotheke/ Online-Handel	▪ Reales Szenario aufgrund gesetzlicher Veränderungen ▪ Einstieg von Großhandel und Herstellern in dieses Geschäft	▪ Vorhandene Business-Cases der Wettbewerber ▪ Realisierung in den nächsten 6–8 Jahren ▪ Gute Liquiditätssituation im Markt	▪ Großhandel: PharmLogix, SPC ▪ Hersteller: Dexteron, Elix	▪ Noch kein Geschäftsmodell vorhanden ▪ Vorhandenes Kooperationsmodell mit SPC
2. „Pharma-Sortiment-Light" mit digitalem Vertrieb seitens LEH	▪ Einstieg des LEH in nicht verschreibungs-pflichtige Medikamente ▪ Vorbereitung des LEH auf Einstieg in Online-Handel	▪ Rasche Umsetzung des Sortiments „nicht verschreibungspflichtige Medikamente" ▪ …	▪ …	
…				

B. Umsetzungsprogramm	Digitalisierungsmaßnahme	Termin	Verantw.	Status
1. Digitale Apotheke	Wettbewerbsanalyse mit Bericht an GF	31.05.	Biller	
	Entwicklung eines Geschäftsmodells (mit SPC) zum Aufbau einer digitalen Apotheke	31.10.	Kent	
2. …	…			

5. Eine Wettbewerbsanalyse mit den Digital Five Forces durchführen

Definition und Ziele im Rahmen der Digitalisierung

Mit den Digital Five Forces werden diejenigen Wettbewerbskräfte bestimmt, welche die Digitalisierung maßgeblich beeinflussen. Der Ansatz baut auf den „klassischen" Five Forces nach Michael Porter: bestehende Wettbewerber, neue Wettbewerber, Lieferanten, Abnehmer (Kunden) und Substitutionslösungen.

Nutzen für das Unternehmen

- Klarheit über die **Wirkung der Digitalisierung auf Wettbewerb, Rendite und Substitution**
- Gemeinsames Verständnis und **Transparenz zum digitalen Wettbewerb**
- Beurteilung der **eigenen Position im digitalen Wettbewerb**
- Gezielte **Aktionspläne gegenüber Wettbewerbern**
- Wichtiges **Element in der Strategieentwicklung** und im laufenden Markt-Monitoring

Digitale Schlüsselbegriffe und Synonyme

Branchenanalyse, Branchenstruktur-Modell, Digital Five Forces, Five Forces, Konkurrenzanalyse, Marktanalyse, Wettberbs-analyse, Wettbewerbsmodell

Anwendung und Umsetzung

- Bestimmung der **relevanten, digitalen Konkurrenz**
- Erarbeitung eines **Szenarios zur Wirkung der Digitalisierung auf den Wettbewerb**
- Beurteilung der Situation und **Schlussfolgerungen für das eigene Unternehmen** (Maßnahmen …)
- Einbau der Resultate in die **Digitalisierungsstrategie**
- Definition eines schlanken **Prozesses zur künftigen digitalen Wettbewerbsanalyse**

Literatur

Porter, M./Heppelmann, J.: *Wie smarte Produkte Unternehmen verändern*, in: Harvard Business Manager 12/2015.
Stöger, R.: *Umsetzung der Digitalisierung. Fazit 1.0 in der Neuen Welt*, in: Zeitschrift für Organisations-Entwicklung, 01/2017.

5. Digital Five Forces: Modell und Kernthemen

(auf Grundlage des Five-Forces-Modells nach Michael Porter)

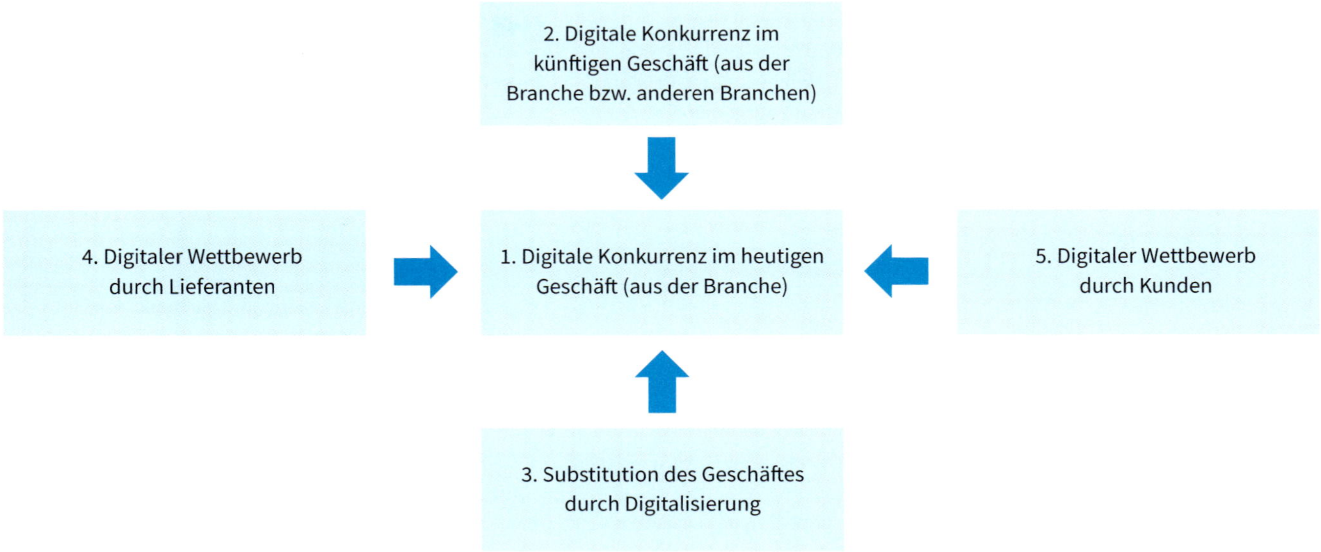

5. Digital Five Forces: Werkzeug und Beispiel (Wellness-Hotelkette)

Digital Five Forces	Wirkung der Digitalisierung auf den Wettbewerb	Schlussfolgerungen für das eigene Unternehmen
1. Digitale Konkurrenz im heutigen Geschäft (aus der Branche)	▪ Zunehmende Digitalisierung in den Standardprozessen (Buchung, Programmplanung …) ▪ Relativ wenig Kooperation mit digitalen Portalen (Gesundheits-/Selfness-/Wellness-Dienstleister) ▪ Konzentration und Steigerung digitaler Kompetenz	▪ Dringendes Nachholen bei der Prozess-Digitalisierung (Planung, ERP …) ▪ Prüfung und Entscheidungsvorlage bzgl. Kooperation mit digitalen Wellness-Portalen ▪ …
2. Digitale Konkurrenz im künftigen Geschäft (aus der Branche bzw. anderen Branchen)	▪ Spaltung des Marktes in Premium- und Commodity-Segment mit eigenen digitalen Anforderungen ▪ Einstieg von Dienstleistern in das stationäre Wellness-Geschäft ▪ Stärkere Vernetzung mit Zuweisern (Kassen …)	▪ Mittelfristige Positionierung im Premium-Bereich mit adäquaten Dienstleistungen ▪ Positionierung als „stationärer und digitaler Partner" für Zuweiser, Kunden ▪ …
3. Substitution des Geschäftes durch Digitalisierung	▪ Substitution der stationären Wellness-Konzepte durch digitale Formate (Online-Check, Apps …) ▪ Zunahme von integrierten Angeboten von Gesundheit, Wellness und Selfness ▪ Digitalisierung als „Wellness-Beschleuniger"	▪ Noch stärkere Entwicklung und Vermarktung von integrierten Angeboten ▪ Intensivierung der Vernetzung mit allen Vermarktungs- und Zuweisungskanälen ▪ …
4. Digitaler Wettbewerb durch Lieferanten	▪ Kein Wettbewerb durch Großhandel und klassische Hotellieferanten ▪ Alternativ-Geschäftsmodelle durch Zuweiser, v. a. bei kurzen Aufenthalten („App statt Kurz-Kur")	▪ Laufende Beobachtung des Versicherungs- und Zuweisungsmodells bzgl. digitaler Lösungen ▪ …
5. Digitaler Wettbewerb durch Kunden	▪ Keine Rückwärtsintegration bei Privatkunden ▪ Teilweise Wettbewerb bei Geschäftskunden, v. a. bzgl. Fitness-/Wellness-Lösungen im Büro (mit digitalen Lösungen kombiniert)	▪ Laufende Beobachtung des Geschäftskunden-Segments hinsichtlich neuer Fitness-/Wellness-Lösungen ▪ Entwicklung einer neuen Geschäftskunden-Strategie ▪ …

6. Mit dem Change-Camp die Digitalisierung anstoßen

Definition und Ziele im Rahmen der Digitalisierung

Das Change-Camp ist ein Intensiv-Workshop mit den Entscheidungsträgern des Unternehmens, um Klarheit zur Digitalisierung zu bekommen und erste Prozess- bzw. Umsetzungsschritte zu gehen.

Digitale Schlüsselbegriffe und Synonyme

Change-Camp, Change-Workshop, Digitalisierungs-Kick-off, Digitalisierungsworkshop, Kick-off für die digitale Welt, Veränderungsworkshop

Nutzen für das Unternehmen

- **Zielorientierter Start in die Digitalisierung** durch einen fokussierten, konzentrierten Workshop
- Systematische Hinterfragung des aktuellen Geschäftsmodells und **Aufzeigen der Notwendigkeit der Digitalisierung**
- **Einbindung der notwendigen Personen:** Entscheidungsträger, Wissensträger und Umsetzer des Unternehmens
- **Entwicklung eines Zukunftsszenarios** anhand der digitalen Ziele, Struktur und Umsetzungsschritte
- **Notwendige Resultatorientierung** durch konkrete Ergebnisse aus dem Workshop

Anwendung und Umsetzung

- Definition des **Themas und der notwendigen Personen** für das Change-Camp
- **Gezielter Vorbereitungsauftrag** an alle Teilnehmer zur Beschleunigung des Starts
- Erarbeitung der **„digialen Welt für das Unternehmen“**: Veränderungen des Geschäfts, Ziele, Struktur, Führung
- Entwicklung von Umsetzungsmaßnahmen und **Entscheidung bzgl. des Umsetzungsprozesses**
- Ggf. **Anstoßen eines größeren Digitalisierungsprozesses** (echte Strategieentwicklung, Umbau der Struktur)

Literatur

Lauer, T.: *Change-Management*, Berlin 2014.

Stöger, R.: *Das Change-Camp. Neue Geschäftsmodelle zum Funktionieren bringen*, in zfo Zeitschrift Führung und Organisation 03/2016.

6. Change-Camp: Modell und Kernthemen

1. Ziele und Themen des Change-Camps	1. Aufzeigen der **Notwendigkeit und Dringlichkeit digitaler Themen** aufgrund der „Neuen Welt“ 2. Identifikation der **Veränderungen im Geschäft** (Umfeld, Kunden, Wettbewerb, Spielregeln im Geschäft …), digitale Ziele, digitale Struktur und Umsetzung 3. Kritische **Hinterfragung aller bisherigen Aktivitäten und „systematische Müllabfuhr“** zur Freisetzung der Ressourcen für die Umsetzung
2. Vorbereitung des Change-Camps	1. **Identifikation der erfolgsentscheidenden Personen**, welche über die entsprechende Offenheit und Geschäftserfahrung verfügen, um den Prozess zu treiben 2. **Vorbereitungsauftrag** an alle Teilnehmer: digitale Veränderung des Geschäfts, Digitalisierungsziele, Konsequenzen für die Struktur und Umsetzungsmaßnahmen 3. **Zusammenfassung** des Vorbereitungsauftrags
3. Change-Camp-Workshop	1. **Intensiv-Workshop** zur Entwicklung der digitalen Veränderungen des Geschäfts, der Digitalisierungsziele, der Konsequenzen für die Struktur und der Umsetzungsmaßnahmen 2. **Beschlussfassung zu den Resultaten des Workshops** und Kommunikationsplan der Ergebnisse 3. Prüfung der **Notwendigkeit einer Digitalisierungsstrategie**
4. Umsetzungsprozess nach dem Change-Camp	1. **Start der Umsetzungsmaßnahmen** über Projekte und Schlüsselaufträge 2. Schlankes Berichtswesen und **Kommunikation der Wirksamkeit** und Resultate 3. Fortsetzung des Change-Camps in Form einer **jährlichen Überprüfung der Wirkung** und Weiterentwicklung der digitalen Themen

6. Change-Camp: Werkzeug und Beispiel (Großhandel)

Digitales Schlüsselthema	Digitale Logistik (DigiLog) im Großhandel
Verantw./Datum	U. Ott/30.06.

1. Digitale Veränderungen des Geschäfts

1. Erforderliche Veränderung des Geschäftsmodells bzgl. aller e-, i- und d-Lösungen für Kunden, Lieferanten und Industriepartner
2. Deutliche Produktivitätssteigerung in der Beschaffung und in allen Logistikprozessen
3. Notwendige Personalentwicklung für die digitale Welt und Steigerung der Attraktivität am digitalen Arbeitsmarkt
4. …

2. Digitale Strategie: Digitalisierungsziele

1. Digitalisierungsplattform als neuer Point of Delivery und Point of Sale (Verwendungsquote: > 70 %)
2. Durchgängige Steuerung der Logistik mit digitalen Lösungen und 100 % Systemabdeckung aller relevanten Steuerungsinformationen (Lieferqualität …)
3. Durchgängige Realisierung der App- und Daten-Lösungen für Kunden und Lieferanten (keine Systembrüche)
4. Realisierung von Beschaffungserfahrungseffekten bzw. in der Logistik-Kette von 5–10 %
5. …

3. Digitale Struktur: Organisation, Führung und Personal

1. Umstrukturierung der bisherigen Beschaffungs-, Qualitäts- und Logistik-Abteilungen in durchgängige Prozesse inkl. Definition der Prozessverantwortlichen
2. Abbildung der neuen Prozesse im ERP- und Warenwirtschaftsprogramm
3. Personalentwicklungsplan für die digitalen Kompetenzen für alle relevanten Funktionen
4. …

4. Digitalisierungsmaßnahmen	Termin	Verantw.	Status
1. Umsetzung der digitalen Logistik-Tools und Schnittstellen intern und extern (Durchgängigkeit der Erfassung, Speicherung bzw. Systemanbildung)	31.10.	A. Bauer	
2. Umsetzung eines digitalen Logistik-Baukastensystems je nach Lieferant und Region	31.12.	…	
3. Konsequente Sortimentsbereinigung für die digitale Supply Chain	…		
4. …			

EINE DIGITALISIERUNGSAGENDA ENTWICKELN

Navigator

1. Eine Marktanalyse für die Digitalisierung durchführen
2. Ein Digitalisierungsleitbild entwickeln
3. Den Kundennutzen durch die Digitalisierung systematisch steigern
4. Die relevanten Digitalisierungsfelder definieren
5. Das digitale Geschäftsmodell konzipieren
6. Eine Digitalisierungsstrategie erarbeiten

1. Eine Marktanalyse für die Digitalisierung durchführen

Definition und Ziele im Rahmen der Digitalisierung

In der Marktanalyse werden für das Gesamtunternehmen oder einzelne Geschäftsfelder wesentliche Einflussfaktoren der Digitalisierung geprüft. Es geht um Marktstruktur, Quantifizierung, digitale Treiber, digitale Wettbewerbsstärke und mögliche Umsetzungsthemen.

Digitale Schlüsselbegriffe und Synonyme

Digitale Geschäftsanalyse, Digitale Marktanalyse, Digitalisierungsmarktcockpit, Geschäftsanalyse, Geschäftsfeld-Analyse, Marktanalyse, Marktbeurteilung, Marktcockpit, Unternehmensanalyse

Nutzen für das Unternehmen

- **Definition und Beurteilung** des für die Digitalisierung relevanten Marktes
- **Zusammenfassung vieler unterschiedlicher Quellen** und Informationen in einer einfachen Logik
- Sicherstellung von **Überblick** und Zusammenhängen
- Wichtiger **Bestandteil der Digitalisierungsstrategie** bzw. der laufenden Marktbeobachtung
- **Einheitliches Verständnis** über den digitalen Markt im Unternehmen

Anwendung und Umsetzung

- **Bestimmung der Marktstruktur und Quantifizierung** (Marktpotenzial, Marktvolumen …)
- Beuteilung der **digitalen Treiber im Geschäft** (Chancen, Gefahren)
- Klarheit über die **digitale Wettbewerbsstärke** (Stärken, Schwächen)
- Entwicklung von **Schlüsselthemen für die Digitalisierungsstrategie** (Themenspeicher)
- Sicherstellung **regelmäßiger Marktbeobachtung**

Literatur

Cole, T.: *Digitale Transformation*, München 2017.
Porter, M.: *Wettbewerbsstrategie. Methoden zur Analyse von Branchen und Konkurrenten*, Frankfurt 2013.

1. Marktanalyse der Digitalisierung: Modell und Kernthemen

A. Marktstruktur und Quantifizierung
1. **Definition des Marktes/SGF**: Abgrenzung des relevanten Geschäftsfeldes nach: Marktleistung, Kunden(gruppe), Region …
2. **Marktpotenzial**: bisherige Kernleistungen plus digitale Zusatzleistungen
3. **Marktvolumen**: Summe der Umsätze der Wettbewerber im Markt (bisherige Kernleistungen plus digitale Leistungen)
4. **Marktwachstum**: Veränderung des Marktvolumens über die Zeit (erste Ableitung der Funktion p. a.)
5. **Umsatz/Marktanteil**: Eigener Umsatz (Kernleistung plus Digitalisierungsleistungen) im Verhältnis zum Marktvolumen
6. **Preisniveau**: bisheriges Preisniveau in der Branche bzw. Veränderung durch die Digitalisierung
7. **Profitabilität**: bisherige Profitabilität in der Branche bzw. Veränderung durch die Digitalisierung
8. **Wettbewerb**: bisherige Konkurrenten und neue Konkurrenz durch Digitalisierung
B. Digitale Treiber im Geschäft
1. **Chancen im digitalen Geschäft**: neue digitale Marktleistungen, neue Kunden(gruppen), neue digitale Geschäftsmodelle, neue Wettbewerbsstrukturen, neue Möglichkeiten der Kundenbindung …
2. **Gefahren im digitalen Geschäft**: neue digitale Konkurrenzleistungen, neue (digitale) Wettbewerber (aus der Branche, aus anderen Branchen), Substitution bisheriger Marktleistungen, Preisverfall …
C. Digitale Wettbewerbsstärke
1. **Stärken im Wettbewerb**: Marktstellung, Kostenposition, Image, Kompetenzen, Personal- bzw. Führungsqualität, Liquidität, Profitabilität
2. **Schwächen im Wettbewerb**: Marktstellung, Kostenposition, Image, Kompetenzen, Personal- bzw. Führungsqualität, Liquidität, Profitabilität

1. Digitalisierungsmarktcockpit: Werkzeug und Beispiel (Bauunternehmen)

A. Marktstruktur und Quantifizierung	SGF 01: Privatkunden und kleine Gewerbekunden
1. Definition des Marktes/SGF	▪ Privatkundengeschäft: Einfamlienhäuser, Wohnungen, Zubehör, Renovierungen … ▪ Kleine Gewerbekunden: Büros und kleine Betriebsstätten bis max. 200m²
2. Marktpotenzial	▪ Alte Welt: 200 Mio. Euro ▪ Digitale Neue Welt: max. 10 % an zusätzlichen Dienstleistungen, d. h. 220 Mio. Euro
3. Marktvolumen	▪ Alte Welt: 150 Mio. Euro ▪ Digitale Neue Welt: max. 10 % an zusätzlichen Dienstleistungen, d. h. 165 Mio. Euro
4. Marktwachstum	▪ Alte Welt: 2–3 % pro Jahr ▪ Digitale Neue Welt: leichte Steigerung auf 3–4 % pro Jahr
5. Umsatz/Marktanteil	▪ Alte Welt: Umsatz 30 Mio. Euro/Marktanteil 20 % ▪ Digitale Neue Welt: Steigerung Umsatz um mind. 20 % aufgrund digitaler Vorreiterrolle, d. h. 36–40 Mio. Euro Umsatz/Marktanteilssteigerung 22–25 %
6. Preisniveau	▪ Alte Welt: leicht steigend (1–3 % p. a.) aufgrund Konzentration im Markt und starker Nachfrage ▪ Digitale Neue Welt: gleichbleibend leichte Steigerung (1–3 % p. a.)
7. Profitabilität	▪ Alte Welt: 3–7 % Umsatzrendite ▪ Digitale Neue Welt: keine Veränderung der Umsatzrendite
8. Wettbewerb	▪ Alte Welt: Bauunternehmen, Fertigteil-Produzenten, Bau-Dienstleister, große Handwerksbetriebe ▪ Digitale Neue Welt: fortgesetzte Konzentration im Markt, keine zusätzlichen Wettbewerber im Kerngeschäft, neue Wettbewerber bei Bau-Dienstleistungen (Energie, Solar, Heizung …)

1. Digitalisierungsmarktcockpit: Werkzeug und Beispiel (Bauunternehmen)

B. Digitale Treiber im Geschäft	
Chancen	**Gefahren**
1. Steigende Bedeutung der Individualität in Planung und Ausführung („Modul-Bau“) 2. Tendenz zu Gesamtanbieter/Generalunternehmer 3. Große Fluktuation guter Leute bei direkten Konkurrenten 4. …	1. Preisobergrenzen ohne Möglichkeit zur Vernetzung im Gebäude 2. Steigende Marktmacht digitaler Dienstleister (Elektrik, Energie …) 3. Fachkräftemangel speziell für Digitalisierung/keine „zugetraute Kompetenz am Bau“ 4. …

C. Digitale Wettbewerbsstärke	
Stärken	**Schwächen**
1. Große Digitalisierungskompetenz im Haus (Generationenwechsel …) 2. Breite Erfahrungen in digitalen Bauleistungen (Entwicklung, Vermarktung, Umsetzung) 3. Gutes und ausbaufähiges Partnernetzwerk (v. a. Elektrik) 4. …	1. Zu wenig Nutzung der vorhandenen Erfahrungs- bzw. Datenbasis 2. Verzettelung in zu vielen Themen/keine echte Priorisierung bei Digitalisierungsthemen 3. Steigende Abhängigkeit von gewissen Digitalisierungsleistungen durch Partner 4. …

D. Digitales Schlüsselthema für die Digitalisierungsstrategie (Themenspeicher)	Ansprechpartner
1. Entwicklung von „Schlüsselfertig-Dienstleistungen“ für: Elektrik, Installation, dezentrale Energie	Müller
2. Fertigentwicklung und Umsetzung „digitales Planungs- und Besichtigungs-Tool“ für Neubauten, Renovierungen und Beratungsgeschäft	Niederegger
3. Gezielte Big-Data-Lösung für Stamm- und Potenzialdaten: Gebäude, Kunden, Nutzung, Geschäftspotenzial …	Schneider
4. …	

2. Ein Digitalisierungsleitbild entwickeln

Definition und Ziele im Rahmen der Digitalisierung

Das Digitalisierungsleitbild definiert die normativen Eckpunkte der Digitalisierung: Geschäftszweck und Kundennutzen, Stärken und Differenzierung, Überzeugung und Sinn. Damit bildet es die unternehmenspolitische Grundlage im gesamten Digitalisierungsprogramm bzw. in der digitalen Transformation.

Nutzen für das Unternehmen

- Prüfung des **Geschäftszwecks angesichts der Digitalisierung**
- **Gemeinsame Formulierung und gemeinsames Verständnis** der unternehmenspolitischen Grundlagen
- **Klare Orientierung** für Eigentümer, Management, Mitarbeiter (plus ggf. Kunden, Lieferanten, Geschäftspartner)
- Wesentlicher Bestandteil der **Digitalisierungsstrategie, Struktur und Führung**
- Wichtiger Impuls der **digitalen Unternehmenskultur** (Selbstverständnis, Werte …)

Digitale Schlüsselbegriffe und Synonyme

Digitale Business Mission, Digitale Unternehmensphilosophie, Digitale Vision, Digitalisierungsleitbild, Leitbild, Mission, Unternehmenszweck, Vision

Anwendung und Umsetzung

- Prüfung und Einbezug aller **vorhandenen normativen Unterlagen**
- **Gemeinsame Erarbeitung**: Geschäftszweck und Kundennutzen, Stärken und Differenzierung, Überzeugung und Sinn
- **Verständliche Formulierung**, Vermeidung von Fremdwörtern bzw. Anglizismen
- Nachvollziehbare, **umsetzbare Aussagen**
- **Einbau des Digitalisierungsleitbildes** in die Digitalisierungsstrategie, Struktur- und Führungsfragen

Literatur

Malik, F.: *Die richtige Corporate Governance*, Frankfurt 2008.
Werther, D.: *Vision – Mission – Werte: Die Basis der Leitbild- und Strategieentwicklung*, Weinheim 2015.

2. Digitalisierungsleitbild: Modell und Kernthemen

1. Geschäftszweck und Kundennutzen im Rahmen der Digitalisierung	1. Darstellung des **bisherigen Geschäftszwecks im Sinn des „lösungsunabhängigen Kundenanliegens“**, d. h. unabhängig von konkreten Produkten bzw. Dienstleistungen 2. Ergänzung, Ausbau bzw. **Weiterentwicklung des Geschäftszwecks durch die Digitalisierung** 3. Formulierung von **generellen Zielen der Digitalisierung im Geschäft** (Markt, Innovation, Produktivität …)
2. Stärken und Differenzierung durch die Digitalisierung	1. **Positionierung im Markt** im Sinn des eigenen Anspruchs: Geschäftsmodell, Qualitäts- oder Preisführerschaft, Region, Kundengruppe … 2. Klare Benennung der **Stärken im Wettbewerb und aus Kundensicht**: echte Unterscheidung und idealerweise schwere bzw. unmögliche Imitation seitens Wettbewerber 3. Darstellung des **Ausbaus der Stärken und der Konkurrenzfähigkeit durch die Digitalisierung** (Markt, Innovation, Produktivität …)
3. Überzeugung und Sinn durch die Digitalisierung	1. Benennung des **Selbstverständnisses des Unternehmens, der Mitarbeiter und Führungskräfte** in der digitalen Welt 2. Klarheit über die **„innerste Motivation“ und Antrieb für Spitzenleistungen** in der Vergangenheit, der Gegenwart und in Zukunft 3. Eckpunkte für den **Sinn der Digitalisierung**, d. h. wie Digitalisierung verstanden wird und worin die Chancen liegen

2. Digitalisierungsleitbild: Werkzeug und Beispiel (Chemie)

1. Geschäftszweck und Kundennutzen im Rahmen der Digitalisierung	▪ Wir sind Lieferant von Wettbewerbsvorteilen für unsere Kunden und decken alle Produkt-Konfigurationen bzw. Anwendungen ab. Unsere B2B-Kunden bezahlen für stabile Produktqualität in allen Anwendungsformen und für verlässliche Prozesse über den gesamten Liefer- und Lebenszyklus. ▪ Unsere Kunden sind Verwender von Spezifikationschemikalien aus allen Industrien. Wir fokussieren uns dabei auf Europa, Nordamerika und China. Wir liefern nicht an Rüstungsfirmen und Embargo-Staaten. ▪ Die Digitalisierung ändert nicht die Logik des Geschäftes, wohl aber Tempo und Veränderungsfähigkeit. Wir nutzen die Digitalisierung zur gezielten Verbesserung der Produktivität, der Prozessqualität und der geschäftsrelevanten Informationsbasis.
2. Stärken und Differenzierung durch die Digitalisierung	▪ Wir sind absoluter Premium-Anbieter in allen Geschäftsfeldern und positionieren uns bei Qualität, Kundennutzen und Preis im Top-Segment. ▪ Wir sind nachweislich und aus Kundensicht spürbar besser bei: spezifizierten Produkten, industriellen Dienstleistungen in der Lieferkette und im Lebenszyklus, Prozesssicherheit, Verlässlichkeit und Zusammenarbeit. ▪ Die Digitalisierung verhilft uns zu einem Ausbau der kundenbezogenen Prozesse in der gesamten Wertschöpfungskette, zu Vorteilen in Beratung, Tempo und kostengünstiger Leistungserstellung.
3. Überzeugung und Sinn durch die Digitalisierung	▪ Wir sind erste Wahl unserer Kunden und stehen für Leistung, absolute Verlässlichkeit und Vertrauen in der Geschäftsbeziehung. ▪ Unsere Mitarbeiter und Führungskräfte sind stolz darauf, für den Marktführer zu arbeiten und unseren Kunden spürbare Wettbewerbsvorteile zu liefern. ▪ Die Digitalisierung bestätigt unseren bisherigen Weg im e-Business. Wir nutzen die Chancen der Digitalisierung, um auch weiterhin ein solide aufgestelltes, unabhängiges und gesundes Unternehmen zu bleiben.

3. Den Kundennutzen durch die Digitalisierung systematisch steigern

Definition und Ziele im Rahmen der Digitalisierung

Kundennutzen sind alle Produkt-, Dienstleistungs- und Image-Merkmale, die seitens des Kunden als kaufentscheidend relativ zum Wettbewerber wahrgenommen werden. Digitale Lösungen sind immer zu prüfen, inwieweit sie echten Kundennutzen stiften. Dies ist Basis für Vermarktung, Akquisition und Kundenbindung.

Digitale Schlüsselbegriffe und Synonyme

Customer Value, Dienstleistungsanalyse, digitaler Kundennutzen, Kaufentscheidende Kriterien, Kundenbindung, Kundennutzen, Kundenzufriedenheit, Preis-Leistungs-Verhältnis, Qualitätsposition, Produktanalyse

Nutzen für das Unternehmen

- Klarheit über den **realen Kundennutzen am Markt**
- Ausrichtung von **digitalen Potenzialen bzw. Lösungen an der Steigerung des Kundennutzens** im Geschäft
- Grundlage für **digitale Produkte und Dienstleistungen**, d. h. Vermeidung von „happy digitalization"
- Basis für die **Qualitäts- bzw. Preisposition und Marketing**
- Wichtiges Prüfkriterium und **Element in jeder Digitalisierungsstrategie**

Anwendung und Umsetzung

- Listung der **relevanten aktuellen oder geplanten (innovierten) Produkte bzw. Dienstleistungen**
- Identifikation der **kaufentscheidenden Kriterien aus Kundensicht**
- Entwicklung von **Verbesserungsmöglichkeiten durch die Digitalisierung** im Sinn der Wirkung auf Kundennutzen
- Ableitung von Maßnahmen zur **Umsetzung der digitalen Verbesserung**
- Laufende Prüfung der **Wirksamkeit der Maßnahmen**

Literatur

Belz, C.: *Value Selling*, Stuttgart 2016.

Meyer, J.: *Digitale Disruption*, Göttingen 2016.

3. Kundennutzen durch Digitalisierung: Modell und Kernthemen

1. Steigerung der Qualität durch Digitalisierung	1. Gezielte Verbesserung der **kaufentscheidenden Produktmerkmale** (Wert, Produktnutzen …) 2. Gezielte Verbesserung der **kaufentscheidenden Dienstleistungsmerkmale** (Prozesse, Beratung …) 3. Gezielte Wirkung auf das **Image im Sinn der Kaufentscheidung** (Marke, Exklusivität …) 4. Integration **zusätzlicher Leistungen bzw. Nutzenmerkmale**
2. Verbesserung des relativen Preises durch Digitalisierung	1. Nutzung von **Preissenkung durch digitale Möglichkeiten** (Automatisierung, Vermeidung von Prozessen) 2. Rechtfertigung **gleicher bzw. höherer Preise durch noch höheren Kundennutzen** 3. **Umsetzung „Digital Value Pricing"**: glaubhafte Darstellung des digitalen Mehrwerts und Aufteilung zwischen Kunde und Anbieter 4. Adaption klassischer **Preiswerkzeuge auf digitale Lösungen**: konkurrenzbezogene Preisstellung, Bestpreise, Rabatte, Kaufanreize über Preis
3. Einfluss auf Prozesse und Mitarbeiter des Kunden	1. **Digitale Integration der Kundenprozesse** in das eigene Unternehmen (Struktur, Logik, Daten, Steuerung …) 2. **Einführung von digitalen Werkzeugen beim Kunden** inkl. Schulung, Einbindung der Mitarbeiter … 3. **Kundenintegration bei erfolgsentscheidenden Prozessen**, z. B. Entwicklung, Herstellung, Verkauf, Service 4. Gezielte Einflussnahme auf **Entscheidungen beim Kunden in Richtung der Digitalisierung**
4. Digitales Erschweren bzw. Verhindern des Anbieterwechsels	1. **Digitale Inkompatibilität** mit anderen Schnittstellen, Datenlogiken, Systemen und Leistungen 2. **Nutzen der Digitalisierung für Bindungsmaßnahmen**, z. B. Anreize bei Folgekäufen, Zeitverträge 3. **Verstärkte Prozess- bzw. Verwendungszusammenhänge**, z. B. Leistungen, Komponenten, Ersatz 4. Nutzung der **Digitalisierung für langfristige Vertragsgestaltung**, z. B. Wartung, Service, Garantien

3. Kundennutzen durch Digitalisierung: Werkzeug und Beispiel (Logistik)

Produkt/Dienstleistung	Kaufentscheidende Kriterien	Verbesserung durch Digitalisierung	Digitalisierungsmaßnahme	Termin	Verantw.
1. Intermediäre Lösungen weltweit	▪ Dienstleistungspalette ▪ Pünktlichkeit ▪ Lieferverlässlichkeit ▪ Ansprechpartner vor Ort ▪ Prozess-Verständnis ▪ Preis/Staffelungssystem	▪ Echtzeit-Informationssystem bzgl. Lieferstatus, Prognose-Tool ▪ Integrierte Prozess-Lösung für WaWi	1.1 Entwicklung Echtzeit-Informationssystem und Test bei 3 Referenzkunden	28.02.	Bott
			1.2 Umsetzung der integrierten Prozesslösung WaWi entsprechend Plan	30.06.	Miller
2. Outsourcing-paket „Lager & Logistik“	▪ Produktivitätsvorteile ▪ Optimierung Logistik-Bilanz ▪ Verlässlichkeit ▪ Prozess-Transparenz ▪ Prozess-Integration ▪ Ansprechpartner vor Ort	▪ Digitale Ausweitung des Pakets auf Einkaufs- und Beschaffungsprozesse ▪ Übernahme/Integrationsfähigkeit aller Kunden- und Lieferanten-Daten	2.1 Integration der Einkaufs- und Beschaffungsprozesse in „Outsource2.0“ plus Umsetzung bei A-Kunden	31.03.	Behaim
			2.2 Vorprojekt und Entscheidungsvorlage an GF bzgl. Integration der kompletten Datenbeschaffungslandschaft	30.11.	Penz
3. Branchenlösungen für LEH	…				
4. …					

4. Die relevanten Digitalisierungsfelder definieren

Definition und Ziele im Rahmen der Digitalisierung

Die Digitalisierungsfelder stellen die Schwerpunkte für Aktionen, Projekte und Strategien zur Digitalisierung dar. Entlang der Dimensionen Markt-Produktivität bzw. aktuelles/neues Geschäftsmodell werden die Schlüsselthemen in einer Digitalisierungsmatrix identifiziert.

Digitale Schlüsselbegriffe und Synonyme

Basis-Strategien, Digitalisierungsfeld, Digitalisierungsmatrix, Digitalisierungsoptionen, Digitalisierungsportfolio, Geschäftsmodell, Geschäftsmodell-Matrix, Geschäftsmodell-Optionen

Nutzen für das Unternehmen

- **Überblick, Orientierung und Zusammenfassung** der vorhandenen bzw. neuen Digitalisierungsthemen
- Klarheit über die **„richtige Aufstellung" für die digitale Welt**
- Prüfung der **Ausgewogenheit der Digitalisierungsfelder**
- **Diskussionsraster zur Entwicklung neuer Digitalisierungsansätze** (marktseitig, produktivitätsseitig)
- **Breite Einsatzmöglichkeit** für Unternehmen, Geschäftsfelder, Regionen, Kunden, Marktleistungen …

Anwendung und Umsetzung

- **Zusammenstellung aller vorhandenen Vorschläge, Projekte, Maßnahmen** zur Digitalisierung
- Einordnung in die **Digitalisierungsmatrix**
- Beurteilung von **Ausgewogenheit, Risikostreuung, Umsetzungswahrscheinlichkeit**
- Entwicklung von **neuen Digitalisierungsthemen**
- Einsatz im **Umsetzungscontrolling und in der Strategieentwicklung**

Literatur

Joppich, M.: *Wettbewerbsstrategien für neue Produkte und neue Märkte*, Münster 2010.
Köhler-Schute, C. (Hrsg.): *Digitalisierung und Transformation im Unternehmen*, Berlin 2016.

4. Relevante Digitalisierungsfelder: Modell und Kernthemen

Digitalisierung mit Marktfokus

	Aktuelles Geschäftsmodell	Neues Geschäftsmodell
Digitalisierung mit Marktfokus	3. **Marktentwicklung** durch Digitalisierung ▪ Neue Produkte bzw. Dienstleistungen im Rahmen des bestehenden Geschäftsmodells ▪ Intensivierung der Vernetzung mit Kunden, Lieferanten, Geschäftspartnern ▪ Entwicklung neuer Märkte bzw. Kundengruppen mit vorhandenen, digitalen Lösungen	4. **Innovation** durch Digitalsierung ▪ Neue Produkte bzw. Dienstleistungen als Weiterentwicklung des Geschäftsmodells ▪ Substitution bestehender Marktleistungen bzw. Geschäftsfelder durch neue Lösungen ▪ Entwicklung neuer Märkte bzw. Kundengruppen (außerhalb des aktuellen Fokus)
Digitalisierung mit Produktivitätsfokus	▪ Produktivitätssteigerung in den bestehenden Prozessen bzw. Funktionen ▪ Verkürzung von Durchlaufzeiten in den Geschäftsprozessen ▪ Produktivitätssteigerung in Führungsprozessen (Reports, Entscheidungen, Umsetzung …) 1. **Professionalisierung** durch Digitalisierung	▪ Entwicklung neuer Prozesse bzw. Funktionen auf Grundlage der Digitalisierung ▪ Umstellung der Organisations- bzw. Strukturlogik auf die digitale Welt ▪ Neugestaltung der Führungsprozesse und der Aus- bzw. Weiterbildung 2. **Perfektionierung** durch Digitalisierung

Aktuelles Geschäftsmodell — Neues Geschäftsmodell

Digitalisierung mit Produktivitätsfokus

4. Digitalisierungsmatrix: Werkzeug und Beispiel (Versicherung)

Digitalisierung mit Marktfokus

Aktuelles Geschäfts-modell (links) – Neues Geschäfts-modell (rechts)

3. Marktentwicklung durch Digitalisierung 3.1 Digitales KAM 3.2 Webline „Question and Help“ 3.3 Digital Marketing/Digital Social Media 3.4 eBroker-Paket 2.0	4. Innovation durch Digitalsierung 4.1 Webshop „Smart Insurance“ 4.2 Digital Services für Firmenkunden 4.3 Digital Access 2.0
1.1 CRM-Lösung (Roll-out) 1.2 Automatisierung Status-/Schadensbericht 1.3 Digitale Projektportfolio-Steuerung 1. Professionalisierung durch Digitalisierung	2.1 eHR und ePD 2.2 Digitalisierung Kundenprozess (Roll-out) 2.3 Digital Knowledge Insurance 1.0 2.4 Digitale Vertriebsprozesse 2. Perfektionierung durch Digitalisierung

Digitalisierung mit Produktivitätsfokus

4. Digitalisierungsfelder: Werkzeug und Beispiel (Versicherung)

Digitalisierungsfeld	Eckpunkte	Entscheidung/Digitalisierungsmaßnahme	Termin	Verantw.
1. Professionalisierung durch Digitalisierung				
1.1 CRM-Lösung (Roll-out)	▪ Unternehmensweite Umsetzung des CRM ▪ Effizienzsteigerung in Vertrieb und Service	▪ Umsetzung des Stufenplans A bis D bis Jahresende ▪ Ausweis der Effizienzsteigerung in der Digital Scorecard	15.12.	Nowak
1.2 …				
2. Perfektionierung durch Digitalisierung				
2.1 eHR und ePD	▪ Digitalisierung aller HR-Prozesse ▪ Digitalisierung der Personal- und Führungskräfte-entwicklung	▪ Genehmigung des Konzepts durch GF ▪ Umsetzung gem. Projektplan ▪ Prüfung der Wirksamkeit intern bzw. im Bewerbermarkt	31.10.	Oberhofer
2.2 …				
3. Marktentwicklung durch Digitalisierung				
3.1 Digitales KAM	▪ Weiterentwicklung des Konzepts „eKAM“ ▪ Steigerung der Abschluss-quote um 10–15 %	▪ Weiterentwicklung des alten Konzepts „eKam“ zu einer digitalen Lösung ▪ Verbesserung: Abschlussquote (10–15 %) und Kundenbindung	30.11.	Karmani
3.2 …				
4. Innovation durch Digitalisierung				
4.1 …				

5. Das digitale Geschäftsmodell konzipieren

Definition und Ziele im Rahmen der Digitalisierung

Im digitalen Geschäftsmodell werden Strategie und Struktur konkretisiert: Primäre Aktivitäten (Geschäftsprozesse), Sekundäre Aktivitäten (Steuerungsprozesse), Vorleistungen (Lieferanten- bzw. Kooperationsmodell), Gewinn (Profitabilitätsmodell).

Nutzen für das Unternehmen

- Klarheit über das **aktuelle Geschäftsmodell und dessen Logik**
- Prüfung aller Wertschöpfungsstufen bzgl. **Beitrag und Chancen für die Digitalisierung**
- **Konkretisierung aller Digitalisierungsüberlegungen** als „Geschäftsmodell der Neuen Welt“
- **Systematische, strukturierte Erarbeitung von Umsetzungsmaßnahmen** für die Digitalisierung
- **Reduktion von abstrakten Diskussionen** über Potenziale, Theorien …

Digitale Schlüsselbegriffe und Synonyme

Business Model, Digitales Business Modell, Digitales Geschäftsmodell, Digitale Prozesslandkarte, Digitale Wertkette, Geschäftsmodell, Geschäftsmodell-Entwicklung, Geschäftsmodell-Innovation, Wertkette, Wertschöpfungskette

Anwendung und Umsetzung

- Darstellung des **heutigen Geschäftsmodells** in Form der Wertschöpfungskette (Schlüsselprozesse)
- Gestaltung und Grundsatzentscheidung zum **künftigen, digitalen Geschäftsmodell**
- Entwicklung des **Umsetzungsprogramms** für das digitale Geschäftsmodell
- **Verankerung des Geschäftsmodells** in der Strategie
- Nutzung des Geschäftsmodells für: **KVP, Prozessmanagement, Sourcing …**

Literatur

Granig, P.: *Geschäftsmodellinnovation*, Wiesbaden 2016.
Hoffmeister, C.: *Digitale Geschäftsmodelle richtig einschätzen*, München 2013.

5. Digitalisierung des Geschäftsmodells: Modell und Kernthemen

Sekundäre Aktivitäten/**Steuerungsprozesse**:
- Kern-Steuerungsprozesse
- Spielregeln
- Sourcing
- Vernetzungs- bzw. Digitalisierungsgrad
- Schnittstellen

Vorleistungen/**Lieferantenmodell**:
- Lieferantenstrategie bzw. Sourcing
- Lieferantenprozesse
- Integrationsgrad
- Kompetenzen bzw. Expertisen

Basis des Geschäftsmodells:
- Klarer Geschäftszweck bzw. Strategie
- Überlegener Kundennutzen
- Vorhandene Stärken
- Identifizierte Wettbewerbsvorteile

Gewinn/**Profitabilitätsmodell**:
- Produktivität
- Liquidität
- Profitabilität
- Finanzielle Unabhängigkeit

Primäre Aktivitäten/**Geschäftsprozesse**:
- Kernprozesse und Kernleistungen
- Schlüsselressourcen
- Sourcing bzw. Kooperationsgrad
- Vernetzungs- bzw. Digitalisierungsgrad intern bzw. mit Lieferanten und Kunden
- Schnittstellen

5. Digitalisierung des Geschäftsmodells: Werkzeug und Beispiel (Maschinenbau)

1. Geschäftsmodell der „Alten Welt“

Vorleistungen *Summe: 40 %*	Führung und Controlling *Summe: 1 %*	Rechnungswesen, Admin *Summe: 1 %*	Marketing *Summe: 1 %*	Personal *Summe: 1 %*	Entwicklung *Summe: 6 %*	Gewinn: *10 %*
	Beschaffung *Summe: 1 %*	Produktion *Summe: 33 %*	Logistik *Summe: 4 %*	Vertrieb *Summe: 1 %*	Kunden-Dienst *Summe: 1 %*	

Summe der primären Aktivitäten: 40 %

Vorleistungen (Summe: 40 %) + Wertschöpfung (Summe: 60 %) = Umsatz (Summe: 100 %)

Analoges Geschäftsmodell: „Alte Welt“:

- Vollintegrierter Maschinenbau
- Beherrschung aller Wertstufen
- Überschaubarer Digitalisierungsgrad im Unternehmen
- Geringe Integration in Kunden-Prozesse

2. Digitales Geschäftsmodell der „Neuen Welt“

Vorleistungen *Summe: 50 %*	Führung und Controlling *Summe: 1 %*	Rechnungswesen, Admin *Summe: 1 %*	Marketing *Summe: 2 %*	Personal *Summe: 1 %*	Entwicklung *Summe: 3 %*	Gewinn: *12 %*
	Beschaffung und QM *Summe: 5 %*	Spezial-Montage *Summe: 5 %*	Logistik *Summe: 12 %*	Vertrieb und K-Dienst *Summe: 5 %*	Industr. Services *Summe: 10 %*	

Summe der primären Aktivitäten: 30 %

Vorleistungen (Summe: 50 %) + Wertschöpfung (Summe: 50 %) = Umsatz (Summe: 100 %)

Digitales Geschäftsmodell: „Neue Welt“:

- Spezialisiertes Engineering mit hohem Digitalisierungsanteil
- Hoher industrieller Servicegrad
- Einklinken in Kundenprozesse
- Nutzung von Outsourcing aufgrund schwindender Technologie-Kompetenz im Markt

5. Digitalisierung des Geschäftsmodells: Werkzeug und Beispiel (Maschinenbau)

3. Umsetzungsprogramm: digitales Geschäftsmodell der „Neuen Welt“			
1. Primäre Aktivitäten/ Geschäftsprozesse	**Digitalisierungsmaßnahme**	**Termin**	**Verantw.**
1.1 Beschaffung und QM	1.1.1 Umsetzung e-Purchasing-Programm: Neudefinition Schnittstellen, Umstellung auf Lieferanten-Einganglogistik	30.06.	Paulsen
	1.1.2 Ausbau des QM: Digitalisierung Wareneingangsprüfung und Reklamationsprozess, Trainingsoffensive	30.11.	Schmidt
1.2 Spezialmontage	…		
…			
2. Sekundäre Aktivitäten/ Steuerungsprozesse	**Digitalisierungsmaßnahme**	**Termin**	**Verantw.**
2.1 Führung und Controlling	2.1.1 „Systematische Müllabfuhr“ und Neugestaltung der Kalkulationsmodelle (Engineering, industrielle Services)	31.03.	Oberhofer
	2.1.2 Neugestaltung des Projektmanagements inkl. entsprechende Ausbildung	30.09.	Schultz
2.2 RW/Administration	…		
…			
3. Gewinn/ Profitabilitätsmodell	**Digitalisierungsmaßnahme**	**Termin**	**Verantw.**
3.1 Produktivität	3.1 Automatisierungs-/Digitalisierungsprogramm für alle Prozesse (Ziel: Produktivitätssteigerung 10 %)	31.12.	Sievert
	3.2 Neugestaltung der Führungsprozesse anhand des neuen Geschäftsmodells	30.06.	Trawöger
3.2 Liquidität	…		
…			
4. Vorleistungen/ Lieferantenmodell	**Digitalisierungsmaßnahme**	**Termin**	**Verantw.**

6. Eine Digitalisierungsstrategie erarbeiten

Definition und Ziele im Rahmen der Digitalisierung

Die Digitalisierungsstrategie ist die Konkretisierung eines Digitalisierungsvorhabens. Dies kann folgendes Anwendungsfeld betreffen: Unternehmen, Geschäftsfelder, Projekte, Produkte, Dienstleistungen, Systemleistungen, Funktionen, Prozesse.

Nutzen für das Unternehmen

- **Zusammenfassung und zentrales Führungsinstrument** jedes digitalen Umsetzungsplanes
- **Konsequente Marktorientierung** für jedes Digitalisierungsthema („Vermeidung abstrakter Diskussionen")
- Voraussetzung und Basis für **Organisation, Zielvereinbarung und Personalentwicklung**
- Input für **Planung und Budgetierung**
- Grundlage für **Umsetzungscontrolling und Monitoring**

Digitale Schlüsselbegriffe und Synonyme

Businessplan, Businessplan der Digitalisierung, Digitale Start-up-Strategie, Digitale Strategie, Digitale Markt-Strategie, Digitalisierungsagenda, Strategie

Anwendung und Umsetzung

- Klärung der **Treiber der Digitalisierung im Geschäft**
- Entwicklung der **Stoßrichtungen und Eckwerte der Digitalisierungsstrategie**
- Klärung der **Digitalisierungsbeiträge der Funktionen und Prozesse**
- Darstellung der **Maßnahmen und Ressourcen für die Umsetzung**
- Verknüpfung mit: **Organisations- und Personal-Entwicklung, Budgetierung, Umsetzungscontrolling**

Literatur

Hinterhuber, H.: *Strategische Unternehmensführung: Das Gesamtmodell für nachhaltige Wertsteigerung*, Berlin 2015.

Matzler, K. et al.: *Digital Disruption*, München 2016.

6. Digitalisierungsstrategie: Modell und Kernthemen

1. Treiber der Digitalisierung im Geschäft	1. Veränderungen bei **Kunden**, im Kundennutzen bzw. bei den Marktleistungen durch Digitalisierung 2. Veränderungen im **Wettbewerb** durch Digitalisierung: direkte Konkurrenz, System-Konkurrenz, Konkurrenz durch Kunden bzw. Lieferanten … 3. Generelle Veränderungen des **Umfelds**: Wirtschaft, Gesellschaft, Technologie, Ressourcen, Personal, Know-how
2. Stoßrichtungen der Digitalisierungsstrategie	1. **Marktseitige Ziele**: Marktstellung, Kundennutzen, Innovationsleistung, Produkte, Dienstleistungen, Geschäftsmodell 2. **Produktivitätsseitige Ziele**: relative Kostenposition, Produktivitäten des Kapitals bzw. der Arbeit, Liquidität und Profitabilität 3. **Personal- bzw. Know-how-Ziele**: Personal- bzw. Führungskräfte-Entwicklung, Kompetenzen …
3. Eckwerte der Digitalisierungsstrategie	1. Quantifizierung des **Marktes**: Marktvolumen, Marktanteil, Umsatz 2. Quantifizierung der **Wertschöpfung** (Umsatz minus Vorleistungen) und der entsprechenden Produktivitäten 3. Quantifizierung der **Liquidität und Profitabilität**
4. Digitalisierungsbeiträge der Funktionen und Prozesse	1. Ableitung der wichtigsten **Ziele für Funktionen bzw. Prozesse** aus den Stoßrichtungen bzw. Eckwerten der Digitalisierungsstrategie 2. Konsistente **Funktional- bzw. Prozess-Strategien** der Digitalisierung 3. Identifikation der relevanten **Schnittstellen** zwischen Funktionen bzw. Prozessen
5. Maßnahmen für die Umsetzung	1. **Schlüsselmaßnahmen** für die Umsetzung pro Funktion bzw. Prozess entsprechend der Stoßrichtungen 2. Formulierung in **Resultatform** (nicht: Tätigkeitsform) 3. Eine **Verantwortung** bei einer Person (keine „Kollektivierung“)
6. Ressourcen für die Umsetzung	1. Grobe **Quantifizierung** der erforderlichen Personal- bzw. Sachressourcen 2. Eindeutige **Zuordnung** zu Stoßrichtungen, Funktionen/Prozessen bzw. Maßnahmen 3. Einbau der Ressourcen in **Mittelfristplanung bzw. Budget**

6. Digitalisierungsstrategie: Werkzeug und Beispiel (Rohstoff-Handel)

1. Treiber der Digitalisierung im Geschäft	
Treiber	**Konsequenzen für das heutige Geschäftsmodell**
1. Hochkompetitiver Wettbewerb in allen Kanälen	▪ Einstieg hochspezialisierter kleiner Wettbewerber mit Vorteilen bzgl. Tempo, Prozessvernetzung … ▪ „Re-Kontinentalisierung“ (Amerika und Asien) und steigende Bedeutung von Facilities/Betreuung vor Ort ▪ Prozess- und digitale Lösungen als immer wichtiger werdender Teil in Verträgen
2. Digitaler Umbau der Logistik-Ketten	▪ Ablösung der bisherigen Logistikmodelle (eigene intermediäre Ketten …) und Verlagerung auf Spezialisten ▪ Steigende Bedeutung der Prozessintegration mit Kunden, (Teil-)Lieferanten und Dienstleistern ▪ „Verbesserung der Gesamt-Logistik-Bilanz“ als künftiges Schlüssel-Thema (Kundennutzen)
3. Produktivitätsverbesserung	▪ Preisverfall in vielen Produktgruppen und Kostendruck auf die gesamte Supply-Chain ▪ Notwendige Automatisierung/Digitalisierung der Prozessketten inklusive Kunden, Partner … ▪ Steigende Bedeutung von Systemlösungen unabhängig von Produktgruppe/Kunden/Region
4. …	▪ …

2. Stoßrichtungen der Digitalisierungsstrategie	
Stoßrichtung	**Kernthemen für die digitale, Neue Welt**
1. Integrierte Systemlösungen	▪ Entwicklung von integrierten Lösungspaketen „Gesamt-Supply-Bilanz“ mit Steigerung Umsatz 5–10 % ▪ Sicherstellung der IT-/Technik-/ERP-Voraussetzungen für Systemlösungen ▪ Umstellung des Vertriebs auf Systemvertrieb bzw. Kompetenzsteigerung des gesamten Verkaufsapparats
2. Digitales Produktivitätsprogramm	▪ Umsetzung Automatisierungs-/Digitalisierungsprogramm: Kostenreduktion 10–20 % der Supply Chain ▪ Sicherstellung aller Schnittstellen zu: Primär-Förderern, Logistikpartnern, Kunden … ▪ Umstellung der IT auf echte System-/Produktivitätstechnologie bzw. Umsetzungssteuerung
3. Personal-Entwicklungsprogramm „Digital 2.0“	▪ …
4. …	

6. Digitalisierungsstrategie: Werkzeug und Beispiel (Rohstoff-Handel)

3. Eckwerte der Digitalisierungsstrategie			
Eckwert	**Jahr 1**	**Jahr 2**	**Jahr 3**
Marktvolumen	2.000	1.950	1.900
Marktanteil (in Prozent)	25 %	27 %	29 %
Nettoumsatz	500	527	...
Umsatzanteil mit integrierten Systemlösungen	5	15	...
Vorleistungen/Einkauf/Fremdleistungen	400	...	
Wertschöpfung (Nettoumsatz minus Vorleistungen)	100	...	
Investment inkl. Wirkung Produktivitätsprogramm	20		
Investment-Intensität (Investment/Wertschöpfung)	0,2		
Vollzeit-Arbeitskräfte	310		
Mitarbeiter-Produktivität (Wertschöpfung pro Kopf)	323.000		
Betriebsergebnis (in Mio. Euro)	12		

4. Digitalisierungsbeiträge der Funktionen und Prozesse	
Funktion/Prozess	**Beitrag zur Umsetzung der Digitalisierungsstrategie**
1. Vertrieb	▪ Weiterentwicklung des Vertriebs in Richtung „Systemvertrieb“ (Training, Incentivierung ...) ▪ Akquisition von 10–15 Referenzprojekte/-Kunden
2. Logistik	▪ Entwicklung und Umsetzung Lösungspaket „Gesamt-Supply-Bilanz“ ▪ Umstellung auf neues Partner-Netzwerk
3. IT	▪ Entwicklung und Umsetzung „digiLog 2.0“ mit allen Partner- und Kundenschnittstellen ▪ Projekt-/Umsetzungsverantwortung für Automatisierungs-/Digitalisierungsprogramm der Supply Chain
4. Personal	▪ ...
5. ...	

6. Digitalisierungsstrategie: Werkzeug und Beispiel (Rohstoff-Handel)

5. Maßnahmen für die Umsetzung				
Funktion/Prozess	**Digitalisierungsmaßnahme**	**Termin**	**Verantw.**	**Status**
1. Vertrieb	1.1 Programm-Konzeption „Systemvertrieb“	31.03.	Gabowski	
	1.2 Umsetzung: Vertriebs- und Marketing-Support, Training …	30.11.	Keller	
	1.3 Akquisition Schritt 1: 5–10 Referenzaufträge bei Stammkunden	30.09.	Scholl	
	1.4 Akquisition Schritt 2: 5–10 Referenzaufträge bei Neukunden	31.12.	Gerken	
	1.5 …			
2. Logistik	2.1 Konzeption der Kundenlösung „Gesamt-Supply-Bilanz“	30.06.	Siller	
	2.2 Start Umsetzungsprogramm (mit Vertrieb und Marketing) mit Erreichung erster Meilensteine bzw. Ergebnisse	31.12.	Götz	
	2.3 Entwicklung neues Netzwerk: Primär-Förderern, Logistikpartnern …	…		
	2.4 …			
3. IT	3.1 …			
4. …				

6. Ressourcen für die Umsetzung		
Funktion/Prozess	**Ressourcen**	**Kosten in Euro**
1. Vertrieb	1.1 Umstieg auf „Systemvertrieb“: Vertriebs- und Marketing-Support	200.000 in den ersten drei Jahren
	1.2 Training für die neue Vertriebswelt	100.000 einmalig
	1.3 …	
2. Logistik	2.1 Consulting für Konzeption „Gesamt-Supply-Bilanz“	150.000 einmalig
	2.2 IT-technische Umstellung auf Netzwerkfähigkeit	70.000 in den ersten zwei Jahren
	2.3 …	
3. IT	3.1 …	
4. …		

DIE DIGITALE ORGANISATION PRODUKTIV MACHEN

Navigator

1. Mit digitaler Schnittstellen-Vereinbarung Chancen und Risiken erkennen
2. Die digitalen Prozessaufträge ableiten
3. Ein digitales Funktionenprogramm entwickeln
4. Mit dem Funktionendiagramm die digitale Organisation herstellen
5. Das digitale Kostentreiber-Management nutzen
6. Ein digitales Produktivitätsprogramm entwickeln

1. Mit digitaler Schnittstellen-Vereinbarung Chancen und Risiken erkennen

Definition und Ziele im Rahmen der Digitalisierung

Digitalisierung bedeutet im Kern „Vernetzung", d. h., dass organisatorische Einheiten viel stärker integriert werden müssen. Die digitale Schnittstellen-Vereinbarung stellt sicher, dass digitale Schlüsselthemen und -prozesse verbunden und klare Verantwortlichkeiten gegeben sind.

Nutzen für das Unternehmen

- **Übergreifende Sichtweise** der digitalen Schnittstellen
- **Sicherstellung der Leistungsfähigkeit** eines Unternehmens und seiner Einheiten
- **Beurteilung der Funktionsfähigkeit und Resultate** der Schnittstellen
- **Systematischer KVP der Schnittstellen** (kontinuierlicher Verbesserungsprozess)
- Quelle für **Reorganisation und Produktivitätssteigerung**

Digitale Schlüsselbegriffe und Synonyme

Digitale Schnittstelle, Digitale Prozess-Vereinbarung, Digitale Schnittstellen-Vereinbarung, Input-Output-Analyse, Schnittstellen-Analyse, Schnittstellen-Prozesse, Schnittstellen-Zielvereinbarung

Anwendung und Umsetzung

- Identifikation der **digitalen Schnittstellen-Objekte**: Funktionen, Prozesse, Marktleistungen …
- Bewertung des **digitalen Schnittstellen-Portfolios**
- Beurteilung der **digitalen Schnittstellen und Identifikation von Optimierungsvorschlägen**
- Entwicklung von **Schnittstellen-Vereinbarungen mit konkreten Maßnahmen**
- Allfällige **Anpassung der AKV** (Aufgaben, Kompetenzen, Verantwortlichkeiten)

Literatur

Geschwill, R./Nieswandt, M.: *Laterales Management: Das Erfolgsprinzip für Unternehmen im digitalen Zeitalter*, 2016.
Weinberg, U.: *Network Thinking*, Hamburg 2016.

1. Digitale Schnittstellen-Vereinbarung: Modell und Kernthemen

1. Digitale Schnittstellen-Objekte	1. **Funktionen**, Bsp. Einkauf, Vertrieb, Ctrl., IT … 2. **Prozesse**, Bsp. Auftragsgewinnung, Qualitätssicherung … 3. **Marktleistungen**, Bsp. physische Produkte, B2B oder B2C Dienstleistungen … 4. **Kunden (-gruppen)**, Bsp. ABC-klassifizierte Kunden, Stammkunden, Wechselkunden … 5. **Vertriebswege**, Bsp. Handelsstufen, Vertriebs-/Vermarktungspartner …
2. Leistungsfähigkeit einer digitalen Schnittstelle	1. **Interaktions- bzw. Austauschfähigkeit**, Bsp. Daten, Gegenstände, Kompetenzen … 2. **Geschwindigkeit von Aktionen**, Bsp. Analyse, Vorschläge, Entscheidung, Umsetzung … 3. **Produktivität der Interaktion**, Bsp. Wirtschaftlichkeit, relative Kosten … 4. **Quelle für Innovation**, Bsp. neue Produkte, Dienstleistungen, Geschäftsmodelle … 5. **Beitrag zur Profitabilität bzw. Liquidität**, Bsp. Wirkung auf Cash, Ergebnis …
3. Wirkung von Schnittstellen	1. **Direkt positiv** zwischen den Schnittstellen 2. **Direkt negativ** zwischen den Schnittstellen 3. **Direkt neutral** zwischen den Schnittstellen 4. **Indirekt positiv** auf eine dritte Schnittstelle/Partei 5. **Indirekt negativ** auf eine dritte Schnittstelle/Partei
4. Input der Schnittstellen-Vereinbarung	1. **Strategie**, insbesondere Geschäftsfeld- und Funktionalstrategien 2. **Struktur**, insbesondere Prozessgestaltung und Aufbauorganisation 3. **KVP**, insbesondere Qualitätsverbesserung, Verbesserung Durchlaufzeit, Kostenreduktion 4. **Aus- und Weiterbildung**, insbesondere Geschäfts- und Systemverständnis 5. **Führung**, insbesondere Abstimmungen, Entscheidungen, Umsetzungscontrolling

1. Digitale Schnittstellen-Vereinbarung: Werkzeug und Beispiel (Versicherung)

A. Bewertung des digitalen Schnittstellen-Portfolios

… **Schnittstelle mit:** **Funktion**	Vertrieb	Produkt-Entwicklung	Operations	Controlling/RW	…
Vertrieb	Keine	1.1: –	1.2: +	1.3: 0	…
Produkt-Entwicklung	2.1: –	Keine	2.2: 0	2.3: …	…
Operations	3.1: +	3.2: –	keine	3.3: …	…
Controlling/RW	4.1: …	4.2: …	4.3: …	keine	…
…	5.1: …	5.2: …	5.3: …	5.4: …	…

Legende + positive Wirkung 0 neutrale Wirkung – negative Wirkung

B. Beurteilung der digitalen Schnittstellen

Nr.	**Schnittstelle**	**Beurteilung**	**Optimierungsvorschläge**
1.1.	Vertrieb – Produkt-Entwicklung	▪ Zu wenig Austausch über den Markt ▪ Fehlende systemtechnische Vernetzung und parallele Teilprozesse ▪ Suboptimaler Datenaustausch	▪ Entwicklung gemeinsamer Markt-Cockpits ▪ Umsetzung gemeinsamer Prozess- und Systemlandschaft
1.2.	Vertrieb – Operations	▪ Klar definierte System-/Prozessgrenzen ▪ Gemeinsame Führungsworkshops	…

1. Digitale Schnittstellen-Vereinbarung: Werkzeug und Beispiel (Versicherung)

C. Digitale Schnittstellen-Vereinbarung				
Funktion/Verantw./Datum	**Vertrieb/Schmidt/15.01.**			
Vereinbarung mit Funktion:	**Schlüsselthema/Digitalisierungsmaßnahme**	**Termin**	**Verantw.**	**Status**
1. Produkt-Entwicklung	1.1 Gemeinsamer Prozess in der Erstellung des Markt-Cockpits inkl. Marktentwicklungsvorschläge	31.03.	Schmidt	
	1.2 Konzeption einer gemeinsamen Prozess- und Systemlandschaft im INS4+	30.04.	Betz	
	1.3 Umsetzung der gemeinsamen Prozess- und Systemlandschaft inkl. Meilenstein-Reporting	31.12.	Betz	
2. Operations	2.1 Umsetzung Systemanbindung aller Broker und Broker-Geschäftsmodelle	30.06.	Malte-witsch	
	2.2 Gemeinsames Automatisierungsprojekt „Kundenservice- und Anfragemanagement“	30.09.	Bernhaus	
	2.3 Neugestaltung und durchgängige Digitalisierung der Reklama-tionsprozesse	31.10.	Schaller	
3. Controlling/RW	3.1 Automatisches Scanning aller Eingangsrechnungen	31.03.	Koller	
	3.2 Durchgängige Anbindung der Brokersysteme an die Statistik-Programme	30.06.	…	
	3.3 …	…		
4. …	4.1 …			

2. Die digitalen Prozessaufträge ableiten

Definition und Ziele im Rahmen der Digitalisierung

Mit digitalen Prozessaufträgen werden übergreifende Prozesse auf die Digitalisierung ausgerichtet. Dies betrifft Geschäfts-, Steuerungs- und Unterstützungsprozesse. Damit wird die digitale Ablauforganisation konkretisiert (Haupt- und Teilprozesse).

Digitale Schlüsselbegriffe und Synonyme

Digitales Assignment, Digitaler Prozessauftrag, Digitales Prozessprogramm, Digitaler Schlüsselauftrag, Prozessauftrag, Prozess-Strategie

Nutzen für das Unternehmen

- **Gemeinsames Verständnis aller Beteiligten** über den Digitalisierungsauftrag an Prozesse
- **Ermöglichung von Vernetzung**, v. a. durch Klarheit in den Schnittstellen
- Basis für **digitalisierungsorientierte Organisation und Führung**
- Kernelement jeder **digitalen Funktion**
- Basis für **Umsetzungscontrolling und Digitalisierungsradar**

Anwendung und Umsetzung

- **Definition der relevanten Prozesse** für die Digitalisierung
- Entwicklung der **digitalen Ziele für Haupt- und Teilprozesse**
- Erarbeitung der **Schnittstellen-Vereinbarungen, Maßnahmen und Ressourcen** für Prozesse
- Überführung der **Resultate in die Digitalsierungsstrategie und Führungsprozesse** (Zielvereinbarung, Budgetierung …)
- Einbau in das **digitale Controlling**

Literatur

Anderson, K./Uhlig, J.: *Das agile Unternehmen. Wie Organisationen sich neu erfinden*, Frankfurt 2015.
Füermann, T.: *Prozessmanagement*, München 2014.

2. Digitale Prozessaufträge: Modell und Kernthemen

Wirkung der Digitalisierung auf …	Kernthemen für Prozessaufträge durch die Digitalisierung
1. Markt, Kundennutzen und Konkurrenzfähigkeit	▪ Verbesserung der **kaufentscheidenden Kriterien**: Qualität der Kernleistung, Service, Image ▪ Verbesserung der **Preisposition** (relativer Preis) ▪ Steigerung der **Konkurrenzfähigkeit** der Produkte bzw. Dienstleistungen ▪ Beitrag zu einer **Verbesserung der Marktstellung** (Marktanteil, Image …)
2. Produktivität, Kosten und Komplexität	▪ Verbesserung der erfolgskritischen **Durchlaufzeiten** ▪ Optimierung der **relativen Kostenposition** ▪ Steigerung von **Tempo und Umsetzungstärke** ▪ Steuerung der **Komplexität im Geschäft**
3. Geschäftsmodell, Sourcing, Vernetzung	▪ **Gestaltung des Geschäftsmodells**: Insouring/Outsourcing von Prozessen bzw. Funktionen ▪ Möglichkeit zur **Vermarktung von Prozessen bzw. Funktionen** ▪ Beitrag zur **Innovation von Marktleistungen, Abläufen und Produktivitäten** ▪ **Vernetzung bzw. Einflussnahme** hinsichtlich Lieferanten, Kunden, Partner …
4. Kompetenzen, Erfahrungseffekte, organisatorisches Lernen	▪ Anpassung der **vorhandenen Kompetenzen** an die neue, digitale Welt ▪ Entwicklung **neuer Kompetenzen** anhand der digitalen Anforderungen ▪ Vernetzung mit **Kompetenzen anderer Organisationen** (Partner, Lieferanten, Kunden …) ▪ (Neu-)Gestaltung der **Personal- und Führungskräfteentwicklung**

2. Digitaler Prozessauftrag: Werkzeug und Beispiel (Großhandel)

Prozess	Digitalisierung des Akquisitionsprozesses			
Verantw./Datum	**Metzner/30.09.**			
1. Digitale Prozessziele	▪ Sicherstellung einer Angebotsleistung von 20 Mio. Euro (rollierend) ▪ Herstellung einer Abschlussquote von mind. 60 % (12 Mio. Euro rollierend) ▪ Gewährleistung der entsprechenden Angebotsqualität durch professionelles Vorgehen (Schnittstellen) ▪ Durchgängige Digitalisierung aller Prozess-Schritte inkl. Reporting/ERP			
2. Schnittstellen-Vereinbarungen	**Schnittstelle: Funktion/Prozess**	**Beiträge**		
	Marketing/Business Development	▪ Lieferung aktueller Zielkunden bzw. Zielregionen ▪ Professionelle Terminvorbereitung/Stammdatenpflege		
	Vertrieb	▪ Abgestimmte Akquisitionseinsätze ▪ Professionelle Durchführung der Akquisition ▪ „Echtzeit-Pflege" der Systeme		
	Controlling	▪ …		
3. Maßnahmen	**Digitalisierungsmaßnahme**	**Termin**	**Verantw.**	**Status**
	3.1 Umsetzung durchgängiger Workflow „Acqui-Soft 2.0"/Schnittstelle ERP	31.01.	Sörensen	…
	3.2 Einführung zweiwöchentliches Akquisitionscockpit	15.01.	…	
	…	…		
4. Ressourcen	**Ressource**	**Höhe**		
	4.1 Adaption der Programmierung „Acqui-Soft 2.0"	40.000 (einmalig)		
	4.2 …	…		

3. Ein digitales Funktionenprogramm entwickeln

Definition und Ziele im Rahmen der Digitalisierung

Das digitale Funktionenprogramm konkretisiert die Digitalisierung für eine organisatorische Einheit als „funktionale Zielvereinbarung“. Es ist größer dimensioniert als ein Prozessauftrag und bildet die inhaltliche Substanz der Aufbauorganisation.

Digitale Schlüsselbegriffe und Synonyme

Digitales Abteilungsprogramm, Digitales Bereichsprogramm, Digitaler Funktionalauftrag, Digitales Funktionenprogramm, Funktionalauftrag, Funktionalstrategie

Nutzen für das Unternehmen

- Konkretisierung des **digitalen Programms einer organisatorischen Funktion**
- Klarheit über die **digitalen AKV in der Funktion** (Aufgaben, Kompetenzen, Verantwortlichkeiten)
- Inhaltliche Grundlage für die **digitale Aufbauorganisation**
- Rahmen für **digitale Prozesse bzw. Prozessaufträge**
- Kernelement jeder **Digitalisierungsstrategie**

Anwendung und Umsetzung

- **Bestimmung der relevanten Funktionen** für die Digitalisierung
- Erarbeitung der **digitalen Herausforderungen für die Funktion**
- Entwicklung des **digitalen Leitbildes und der strategischen Ziele** für die Funktion
- Festlegung von **Schnittstellenvereinbarung, Organisation, Reporting, Maßnahmen und Ressourcen**
- Einbau in die **Digitalisierungsstrategie und das Umsetzungscontrolling**

Literatur

Gloger, B./Rösner, D.: *Selbstorganisation*, München 2014.
Stöger, R.: *Die Toolbox für Manager*, Stuttgart 2016.

3. Digitales Funktionenprogramm: Modell und Kernthemen

Funktion	Kernthemen für die Digitalisierung
1. Entwicklung, Forschung, Business-Development	1. Digitale **Informationsgenerierung über Märkte, Kunden(-gruppen), Leistungen, Technologien, Geschäftsmodelle** (Business Intelligence, Data Research …) 2. Entwicklung **digitaler Lösungen zur aktiven Substitution bzw. zur Abwehr von Substitution** durch andere 3. Nutzung der **Digitalisierung zur gezielten Steigerung von Kundennutzen** (relative Qualität, relativer Preis) 4. **Digitale Vernetzung mit Geschäftspartnern, Kunden, Lieferanten** … zur Generierung von Geschäftsideen 5. **Digitale Vernetzung mit allen internen Prozessen, Funktionen, Regionen** … zur Generierung von Geschäftsideen 6. Nutzung der **Digitalisierung zum Freispielen von knappen Personal- und Führungsressourcen** für die Entwicklung 7. Nutzung der Systeme zur **digitalen Steuerung von Innovationsprojekten** (Status, Ergebnisse, Nutzen …)
2. Beschaffung, Einkauf	1. Digitale **Informationsgenerierung über Möglichkeiten der Beschaffung** (Lieferanten, Sortimente, Innovationen …) 2. Produktivitätssteigerung in der **Sortimentbildung und -steuerung** durch Vernetzungslösungen 3. **Effizienzsteigerung im Einkauf** durch Automatisierung (Prozesse, Informationen, Schnittstellen, Stammdaten …) 4. Nutzung digitaler Prozesse zur **Vernetzung mit internen Funktionen hinsichtlich Einkauf** (Vertrieb, Entwicklung …) 5. Aktives und automatisiertes **Lieferantenmanagement durch Digitalisierung** 6. Gezielte Verwendung digitaler Möglichkeiten zur **Verbesserung von Lieferqualität, -sicherheit, -flexibilität** … 7. Nutzung digitaler Methoden bzw. Werkzeuge zur **Klärung und Steuerung von Sourcingfragen**

3. Digitales Funktionenprogramm: Modell und Kernthemen

Funktion	Kernthemen für die Digitalisierung
3. Leistungserstellung und Logistik	1. Nutzung **digitaler Verfahren und Instrumente** in: Leistungsvorbereitung, Leistungserstellung, Warenwirtschaft, Lager, Eingangs- und Ausgangslogistik 2. Sicherstellung der **internen Vernetzung aller relevanten Schnittstellen** (Beschaffung, QS, Vertrieb …) 3. Sicherstellung der **externen Prozess-Vernetzung** mit Lieferanten, Kunden und Geschäftspartnern 4. Gewährleistung von **Echtzeit-Informationen bzgl. Qualität, Durchlaufzeiten, Kosten, Lieferbereitschaft** … 5. Schaffung von digitalen Applikationen zur **Echtzeit-Steuerung von Waren-, Dienstleistungs- und Informationsflüssen** 6. Verwendung digitaler Informationsprozesse zur **Entscheidung von Investment- und Sourcingfragen** 7. Nutzung der Digitalisierung zur **Forcierung von Standardisierung, Modularisierung und Erfahrungseffekte**
4. Marketing und Vertrieb	1. Echzeit-Informationen über die **Entwicklung von Kunden, Konkurrenten, Geschäftsfeldern, Marktleistungen** … 2. Sicherstellung funktionierender **Informationsschnittstellen mit internen Funktionen** (Einkauf …) 3. Generierung leistungs- und informationsfähiger **Schnittstellen zu Kunden** 4. Möglichst hoher **Automatisierungsgrad der Informationen zum Marketing-Mix** (Produktmix, Preismix, Kommunikationsmix, Distributionsmix) 5. Sicherstellung produktiver Prozesse in **administrativen Marketing- und Vertriebsprozessen** 6. Nutzung der Digitalisierung zur **Steuerung von Vertriebskanälen, Kundendienst, Beratung, Service** etc. 7. Sicherstellung der notwendigen **kaufmännischen Informationen für Marketing und Vertrieb**

3. Digitales Funktionenprogramm: Modell und Kernthemen

Funktion	Kernthemen für die Digitalisierung
5. Personal	1. Klarheit über den **Einfluss der Digitalisierung auf die Personalplanung** (qualitativ, quantitativ) 2. Umsetzung **digitalisierter Personalprozesse**: Planung, Recruiting, Einsatz, Entwicklung ... 3. **Anpassung der Personalentwicklung** auf Digitalisierungsthemen (on- und off-the-job): Markt, Produktivität, Systeme ... 4. Digitale **Produktivitätssteigerung in der Personaladministration** (Buchhaltung, Sozialversicherung ...) 5. Nutzung der Digitalisierung zur **Vereinfachung von Personalführung** (Zielvereinbarung, Leistungsbeurteilung ...) 6. Klarheit über die **Anpassung von Stellen** durch die Digitalisierung (Aufgaben, Kompetenzen, Verantwortlichkeiten) 7. Klarheit über die **Anpassung von Entlohnungs- und Anreizsystemen** durch die Digitalisierung
6. Systeme, IT	1. Entwicklung der **digitalen Anforderungen an Systeme/IT** aus den Geschäftsfeldern, Funktionen, Prozessen, Regionen ... 2. Identifikation und **Lösung funktionierender Schnittstellen** intern und extern 3. Klarheit der **digitalen Anforderungen aller Stakeholder** und entsprechende Lösungen durch Systeme/IT 4. Konsequenzen der Digitalisierung für **Systemlandschaften in Hard- und Software** (Einkauf, Betrieb, Service ...) 5. Klarheit über das **Sourcing bzgl. Systeme/IT** (Eigenleistung bzw. Zukauf) 6. Sicherstellung der **digitalen Kompetenzen** (Kultur der Digitalisierung, Personalentwicklung ...) 7. Auswirkung der Digitalisierung auf die **Führung von Systeme/IT** bzw. die Ressourcenausstattung

3. Digitales Funktionenprogramm: Modell und Kernthemen

Funktion	Kernthemen für die Digitalisierung
7. RW und Controlling	1. Anpassung der **Logik der Kosten-, Leistungs-, Erlös-, Ergebnisrechnung** anhand digitaler Veränderungen 2. Weiterentwicklung der **Management-Informations- und Planungssysteme** durch die Digitalisierung 3. Klarheit über die Konsequenzen der Digitalisierung für: **Risiko- und Investitionspolitik, finanzielle Unabhängigkeit und Stabilität, Zahlungsverpflichtungen, Liquidität** (intern und extern) 4. **Nutzung der Digitalisierung für Schnittstellen** (intern und extern): Planung, Auftragseingang, Vertrieb, Debitoren, Kreditoren … 5. Steigerung der **Wirksamkeit des Reportings** durch die Digitalisierung (Tempo, Echtzeit, Vernetzung …) 6. Anpassung des **strategischen und operativen Controllings** an die Digitalisierung des Geschäftes 7. Weiterentwicklung der **RW- und Controlling-Kompetenzen** durch digitale Möglichkeiten
8. Führung und Organisation	1. Nutzung der Digitalisierung für **wirksamere Führungsprozesse**: Umsetzung, Leistungsbeurteilung, Förderung … 2. **Anpassung der Führungskräfteentwicklung** an die Digitalisierung: Führung, Markt, Produktivitäten … 3. **Produktivitätssteigerung der administrativen Führungsprozesse** durch Digitalisierung 4. Weiterentwicklung der **Ablauf- und Aufbauorganisation** durch Digitalisierung: Stellen, AKV (Aufgaben, Kompetenzen, Verantwortlichkeiten), Hierarchien … 5. Professionellere **Vernetzung und Gestaltung der Schnittstellen durch Digitalisierung** (intern und extern) 6. Nutzung **schneller und agiler Formate** beim Führen und Organisieren (Projekt- und Prozessmanagement …) 7. **Weiterentwicklung des Unternehmens** durch Digitalisierung (markt- und produktivitätsseitung, bzgl. Kultur …)

3. Digitales Funktionenprogramm: Werkzeug und Beispiel (Personal)

Funktion	Personal
Verantw./Datum	**Schönfeld/31.01.**
1. Strategische Herausforderungen bzgl. Digitalisierung	▪ Generationenwechsel in den nächsten 8–12 Jahren: 40 % Pensionierungsquote bei Fachkräften ▪ Kompetenzsteigerung im Personal bei neuen Medien, neuen Systemen … ▪ Beschleunigung bei den personalwirtschaftlichen Kernprozessen (Marketing, Rekrutierung, Einsatz …) ▪ Notwendigkeit zur Verbesserung des „Employer Branding" für den künftigen Arbeitsmarkt
2. Digitales Leitbild für die Funktion	▪ Die Personalfunktion leistet einen wesentlichen Beitrag, damit alle Mitarbeiter und Führungskräfte den Wechsel von der analogen Welt in die digitale Welt mitgehen. Dies betrifft Veränderungsfähigkeit, Veränderungswilligkeit und die entsprechenden Kompetenzen. ▪ Die Personalfunktion selbst ist ein Beispiel für die funktionierende Digitalisierung. Dies betrifft die wichtigsten Personalprozesse, die Personal-Werkzeuge und den entsprechenden „Spirit" für die digitale Welt. ▪ Die Personalfunktion ist maßgeblich verantwortlich für die Attraktivität des Unternehmens für gute Mitarbeiter und Führungskräfte. Wir erzielen hier einen überdurchschnittlichen Wert in der Branche und stellen den quantitativen und qualitativen Bedarf an kompetenten Leuten sicher.
3. Digitale Strategie der Funktion	▪ Entwicklung und Start der Umsetzung der Personal-Roadmap: Personalbedarf (quantitativ, qualitativ), Nachfolge, künftige Kompetenzen ▪ Aufstellung und Umsetzung eines Personalentwicklungsplans bzgl. der digitalen Kompetenzen: Programme, Systeme, Arbeitsmethodik, Selbstorganisation, Arbeiten in Schnittstellen … ▪ Umstellung der Personalprozesse auf digitale Systeme und Werkzeuge: Bedarfsplanung, Rekrutierung, Einsatz, Ausbildung/Entwicklung, Administration … ▪ Umsetzung des vorhandenen Konzepts „Employer-Branding 2025"

3. Digitales Funktionenprogramm: Werkzeug und Beispiel (Personal)

Funktion	Personal				
4. Schnittstellen-Vereinbarungen	**Schnittstelle: Fkt.**	**Beiträge**			
	4.1 Einkauf	▪ Gemeinsame Entwicklung „PE-Initiative Digital 2.0“ in der Beschaffung ▪ Mittelfristiges Konzept „Workplace“ mit entsprechenden Lieferanten			
	4.2 Marketing	▪ Sicherstellung eines abgestimmten Employer-Branding-Konzepts (Zielgruppen, Medien …) ▪ Begleitung von Marketing bei der Umsetzung des internen „Digital Branding“			
	4.3 …	▪ …			
5. Organisation und Reporting	▪ Schnittstellenvereinbarungen am Jahresanfang ▪ Quartalsweise Schnittstellen-Abklärung mit kurzem Resultat-Protokoll ▪ Monatlicher Resultatbericht an die GF bzgl. Umsetzung und Schlüsselentscheidungen				
6. Maßnahmen	**Digitalisierungsmaßnahme**		**Termin**	**Verantw.**	**Status**
	6.1 Konzeption der Personalroadmap (vgl. Detailbeschreibung)		31.03.	Schmidt	
	6.2 Umsetzung inkl. Quartalsbericht (GF) bzgl. Personalroadmap		31.12.	Schmidt	
	6.3 Umgestaltung der Personalentwicklung in Richtung der digitalen Arbeitswelt „PE 2025“		30.09.	Gantzer	
	6.6 …				
7. Ressourcen	**Ressource**		**Höhe**		
	7.1 IT-Consulting: Systemlandschaft, Einschulung …		200.000 (über 2 Jahre)		
	7.2 Trainingsressourcen für „PE 2025“		…		
	7.3 …				

4. Mit dem Funktionendiagramm die digitale Organisation herstellen

Definition und Ziele im Rahmen der Digitalisierung

Voraussetzung für eine digitalisierte Organisation mit hohem Vernetzungsgrad und vielen internen bzw. externen Schnittstellen sind klare Aufgaben, Kompetenzen und Verantwortlichkeiten (AKV). Diese werden im Funktionendiagramm definiert.

Nutzen für das Unternehmen

- Gemeinsame Sichtweise der **Prozesse, Schnittstellen und Beiträge**
- Klarheit in einer digitalen Organisation zu den **Aufgaben, Kompetenzen und Verantwortlichkeiten (AKV)**
- Check bzw. Basis von **Stellenbeschreibungen, Gremien und Reporting**
- **Transparenz**, Offenheit, Vermeidung von Missverständnissen
- Voraussetzung für eine **produktive Organisation**

Digitale Schlüsselbegriffe und Synonyme

AKV (Aufgaben, Kompetenzen, Verantwortlichkeiten), Digitales Funktionendiagramm, Digitale Stellenbeschreibung, Funktionendiagramm, Kompetenz-Matrix, Stellenbeschreibung

Anwendung und Umsetzung

- Erarbeitung der wichtigsten **Prozesse/Teilprozesse/Aufgaben** („Ablauforganisation")
- Festlegung der **beteiligten bzw. betroffenen Einheiten** („Aufbauorganisation")
- Zuordnung der **Verantwortlichkeiten und Kompetenzen** (planen, entscheiden, ausführen …)
- Laufender **Check der Organisation** im Sinn der Digitalisierung
- Einbau in einen **digitalen KVP**

Literatur

Schneider, M.: *Coopetition between Functional Departments*, Aachen 2014.
Stöger, R.: *Die wirksamsten Management Werkzeuge*, Stuttgart 2016.

4. Digitales Funktionendiagramm: Modell und Kernthemen

1. Organisatorische Ausgestaltung der digitalen Strategien/Programme/Projekte	1. Sind digitale Strategien, Programme und Projekte **organisatorisch ausgestaltet**? 2. Werden die **Konsequenzen für Strukturen** (Aufbau- und Ablauforganisation) offen angesprochen und thematisiert? 3. Sind die **„Umsetzer“ und alle Schnittstellen** von Anfang an in die Digitalisierungsdiskussionen involviert?
2. Präzise Darstellung der AKV (Aufgaben/Kompetenzen/Verantwortlichkeiten)	1. Werden Prozesse/Teilprozesse/Aufgaben **„handwerklich“ richtig zugeordnet** (Geschäftsverständnis, Pragmatismus)? 2. Ist das Funktionendiagramm **verständlich und nachvollziehbar**? 3. Wird das Funktionendiagramm dazu verwendet, die **Stellenbeschreibungen bzw. Gremien** zu prüfen und anzupassen?
3. Systemisches Vorgehen in der Ausarbeitung des Funktionendiagramms	1. Sind alle **Systemgrenzen und Externen** in das Funktionendiagramm einbezogen (Kunden, Lieferanten, Geschäfts-/System-/Projekt-Partner …)? 2. Werden alle Möglichkeiten der **Informationsgenerierung- und verarbeitung** einbezogen? 3. Ist genügend **zeitnahes Feedback** eingebaut, um Fehler zu korrigieren bzw. neue Chancen zu erkennen?
4. Umsetzungsfähigkeit und kontinuierliche Verbesserung	1. Steigt mit dem Funktionendiagramm die **Umsetzungsstärke** des Unternehmens? 2. Ist die mit dem Funktionendiagramm definierte digitale Organisation **führbar**? 3. Findet ein **kontinuierlicher Verbesserungsprozess (KVP)** auf Grundlage des Funktionendiagramms statt?

4. Digitales Funktionendiagramm: Werkzeug und Beispiel (Entwicklungsprozess)

Stelle Prozess/Aufgabe	GF	Entwicklung/ Konstruktion	Business Developm.	Regional-vertrieb	After Sales Service	…
01. Jährl. Entwicklungsziele definieren (Quelle: Strategie)	P, E, A	A	A	I	I	…
02. Innovationsradar aktualisieren	I	P, E, A	K	M	M	
03. Kunden-Inputs integrieren (Systeme …)		M	P, E, A	K	A	
04. Inputfähigkeit der Systeme prüfen/verbessern		I	P, E, A	A	A	
05. Entwicklungspläne mit Kundeninput erarbeiten	M	P, E, A	A	I	I	
06. Kalkulation vornehmen		P, E, A				
07. Interne Prozesskonsequenzen definieren	I	A	P, E, A			
08. Kundenseitige Prozesskonsequenzen definieren	I	I	A	P, E, A	I	
09. Entwicklungspläne aufsetzen	I	P, E, A	I	I		
10. Kundenworkshops durchführen (Systemintegration)	I	P, E, A	A	A	A	
11. Entwicklungspläne finalisieren	…	…				
12. …	…					

Kürzel für das Funktionendiagramm:

P – planen E – entscheiden A – ausführen K – kontrollieren I – informiert werden M – mitsprechen

5. Das digitale Kostentreiber-Management nutzen

Definition und Ziele im Rahmen der Digitalisierung

Kostentreiber sind alle Faktoren, welche die relative Kostenposition negativ beeinflussen. Eine Organisation wird dadurch systematisch unproduktiver, langsamer und komplizierter. Durch die Digitalisierung der Wertschöpfung sind Produktivitätspotenziale zu erheben und umzusetzen.

Digitale Schlüsselbegriffe und Synonyme

Digitales Kosten-Management, Digitales Kostentreiber-Management, Digitales Produktivitätsprogramm, Kostenmanagement, Kostensenkung, Kostentreiber, Kostenverursacher, Produktivitätssteigerung

Nutzen für das Unternehmen

- **Transparenz zu den wichtigsten Kostentreibern** im Geschäft
- „Gesunder Druck“ auf **Digitalisierungsprogramme zur Lieferung von Produktivitätslösungen**
- **Übersetzung von Produktivitätspotenzialen** in echte Umsetzungsmaßnahmen
- **Gezielte Produktivitätssteigerung** bei den Kostentreibern
- Einbau in regelmäßigen **KVP und Prozess- bzw. Funktionalaufträge**

Anwendung und Umsetzung

- Darstellung der **entscheidenden Kostentreiber**
- Erarbeitung der **Produktivitätspotenziale durch die Digitalisierung**
- (Grobe) **Quantifizierung eines Produktivitätsziels**
- Erarbeitung von konkreten **Umsetzungsmaßnahmen zum Heben der Produktivitätsvorteile** durch Digitalisierung
- **Jährlich ein- bis zweimalige Durchführung** des Kostentreiber-Managements

Literatur

Friedl, G./Hofmann, C./Pedell, B.: *Kostenrechnung*, München 2013.

Gloger, B./Margetich, J.: *Das Scrum-Prinzip: Agile Organisationen aufbauen und gestalten*, Stuttgart 2014.

5. Digitales Kostentreiber-Management: Modell und Kernthemen

Funktion	Kostentreiber: Potenziale für digitale Lösungen	
1. Führung und Organisation	1. Inkompetente Führung 2. Unterschiedliches Führungsverständnis 3. Eitelkeit, Geld-, Macht- und Statusdenken 4. Unprofessionelles Führungshandwerk (Sitzungen, Arbeitsmethodik …) 5. Unklare Aufgaben, Kompetenzen und Verantwortlichkeiten (AKV)	6. Matrixorganisation bzw. Doppelunterstellungen 7. Hohe Zahl von Entscheidungsebenen 8. Unprofessionelle Führungsprozesse (Zielvereinbarungen …) 9. Mangelhafte Resultat- bzw. Umsetzungsorientierung 10. Fehlende Vernetzung in Führung, Strukturen und Marktleistungen
2. Einkauf und Beschaffung	1. Große Distanz zum Kunden und fehlendes Geschäftsverständnis 2. Fehlende Abstimmung mit anderen Funktionen 3. Unterschiedliche Vertragstypen 4. Mangelhafte Verträge 5. Hoher Spezifikationsaufwand	6. Hohe Zahl an Verhandlungsrunden bzw. großer Abstimmungsaufwand 7. Hohe Lieferantenzahl und Lieferantenvielfalt 8. Viele Eilaufträge bzw. -beschaffungen 9. Mangelhafte Spezifikationen 10. Geringe Modularität bzw. Standardisierung
3. Entwicklung und Innovation	1. Mangelhafter Kunden- bzw. Marktbezug 2. Schlechtes Innovationsmanagement 3. Unwirksame Schnittstellen zu anderen Funktionen bzw. Informationsquellen 4. Hohe Änderungs- bzw. Versuchsrate 5. Ungesteuerte Kreativität	6. Fehlende Modularität bzw. Skalierbarkeit 7. Hoher Dokumentationsaufwand 8. Komplizierte bzw. wenig abgestimmte Systeme 9. Rasche Technologie- und Verfahrensänderungen 10. Kurze Lebenszyklen und fehlende Nutzung von Erfahrungseffekten
4. Leistungserstellung und Produktion	1. Große Sortimentsbreite und -tiefe 2. Hohe Änderungs- bzw. Adaptionsrate 3. Mangelnde Abstimmung mit anderen Funktionen (große Daten- bzw. Systemkomplexität) 4. Zu hohe bzw. zu niedrige Kapazitäten und große Kapazitätsschwankungen	5. Unvollständige Produkt- und Projektspezifikation 6. Fehlende Nutzung der Erfahrungskurve 7. Zu wenig Modularität bzw. Standardisierung 8. Kurze Lebenszyklen 9. Hohe Komplexität in der Logistik 10. Unterbrüche bzw. Umrüstungen in Leistungserstellung

5. Digitales Kostentreiber-Management: Modell und Kernthemen

Funktion	Kostentreiber: Potenziale für digitale Lösungen	
5. Marketing und Vertrieb	▪ „Eigenleben" und mangelnde Vernetzung mit anderen Funktionen ▪ Mangelhaftes Geschäfts- und Produktivitätsverständnis ▪ Hohe Daten- und Systemkomplexität (v. a. in den Schnittstellen) ▪ Große Vielfalt an Kunden und Produkten	▪ Große Vielfalt an Distributionskanälen ▪ Mangelnde Standardisierung ▪ Komplizierte Preissysteme ▪ Rasche Änderungen bei den Marktleistungen und Kunden (kurze Lebenszyklen) ▪ Hoher Grad an Improvisation ▪ 1Ungesteuerte Kreativität
6. Personal und Know-how	▪ Mangelndes Geschäftsverständnis ▪ Orientierung an Arbeitszeit statt Resultate ▪ Unprofessionelle Personalprozesse ▪ Ungesteuerte Aus- und Weiterbildung ▪ Zu junges bzw. zu altes Personal	▪ Zu hohe oder fehlende Spezialisierung ▪ Hohe Fluktuations- bzw. Fehlzeitenrate ▪ Ausgeprägte Jobrotation ▪ Viele gesetzliche bzw. interne Vorschriften ▪ 1Fehlende Serviceorientierung bzgl. anderer Funktionen
7. Informationstechnologie und Systeme	▪ Fehlendes Geschäftsverständnis ▪ Mangelhafte Vernetzung mit den Funktionen ▪ Hoher Grad an „Eigenleben in der IT" ▪ Unterschiedliche Standards (Hard-/Software) ▪ Unterschiedliche Systeme bzw. Insellösungen	▪ Hoher Schulungsaufwand für Benutzer ▪ Komplizierte Ablage- und Systemlogik ▪ Mangelnde Kompatibilität der Systeme ▪ Wenig Echtzeitinformationen ▪ 1Mangelhafte Kommunikationsfähigkeiten der IT
8. Controlling und Rechnungswesen	▪ Mangelnde Abstimmung in den Systemen bzw. Logiken des Rechnungswesens ▪ Große Distanz zum Geschäft ▪ Hohe Zahl bzw. Komplexität an Berichten ▪ Große Kreativität bzw. hohe Änderungsraten ▪ Parallelwelten und Redundanzen	▪ Mangelhafte Nutzung der Informationen/fehlende Umsetzungsorientierung ▪ Niedriger Automatisierungsgrad ▪ Fehlende bzw. nicht abgestimmte Systematik ▪ Anzahl Falsch- bzw. Fehlbuchungen und -Auswertungen ▪ 1Informations- bzw. Belegkontrollen (Vollerhebung)

5. Digitales Kostentreiber-Management: Werkzeug und Beispiel (Maschinenbau)

Kostentreiber in der Wertschöpfung	Produktivitätspotenziale durch Digitalisierung	Produktivitäts-ziel	Digitale Produktivitätsmaßnahme	Termin	Verantw.
1. Große Sortiments-breite und -tiefe	▪ Quartalsweise ABC-Filterung der Produkte und systematisches Bereinigungsprogramm ▪ Quartalsweises Produktivitäts-steigerungsprogramm in der Fertigung (anhand ABC-Daten) ▪ Senkung der Kapitalbindung um 20 % ▪ …	8 Mio. € p. a. (2 Mio. pro Quartal)	▪ Monatliche Sortiments-konferenz: Produktion – Vertrieb – Entwicklung ▪ Monatlicher Produktivitäts-ausweis zu Händen GF ▪ Entwicklung Echtzeit-Informationssystem im Rahmen von Industrie 4.0 ▪ …	ab 31.03.	Beyerle
2. Hohe Komplexität in der Logistik	▪ Harmonisierung der Logistik- und Warenwirtschaftssysteme ▪ Digitalisierung von Auftrags-steuerung, Reklamationswesen und Inventur ▪ Komplette Systemanbindung aller Logistik-Partner ▪ …	6 Mio. € p. a. (0,5 Mio. p.m.)	▪ Roll-out des Logistik-Systems PWS 3.0 auf alle Standorte ▪ Konzeption und Umsetzung des Digitalisierungsprogramms: Auftragsteuerungs-, Reklamations- und Inventurprozesse ▪ Entwicklung System-anbindungsprogramm für Logistik-Partner ▪ …	31.12.	Wörner
3. Unterbrüche bzw. Umrüstungen in der Leistungserstellung	▪ …				

6. Ein digitales Produktivitätsprogramm entwickeln

Definition und Ziele im Rahmen der Digitalisierung

Neben der Marktseite hat die Digitalisierung entsprechende Effekte auf die Produktivität. Damit aus Potenzialen echte Resultate werden, sind im digitalen Produktivitätsprogramm alle Ansätze zur Weiterentwicklung und Verbesserung zusammenzufassen. Dieses kann Bestandteil, Input oder Output einer Digitalisierungsstrategie sein.

Nutzen für das Unternehmen

- Übersetzung der **Produktivitätspotenziale in ein Produktivitätsprogramm** der Digitalisierung
- **Konzentration aller digitalen Produktivitätsansätze** in einer Unterlage
- Grundlage zur **Verbesserung der relativen Kostenposition**
- Bestandteil, Input oder Output bzgl.: **Digitalisierungsstrategie, KVP, Prozessmanagement** …
- Basis für **Umsetzung und Umsetzungscontrolling**

Digitale Schlüsselbegriffe und Synonyme

Digitales Kosten-Programm, Digitales Produktivitätsprogramm, Digitale Produktivitätsstrategie, Kostensenkungsstrategie, Kostenstrategie, Produktivitätsplan, Produktivitätsprogramm, Produktivitätsstrategie

Anwendung und Umsetzung

- Erarbeitung der **wichtigsten Produktivitätstreiber in der „Neuen Welt“**
- Entwicklung der **digitalen Produktivitätsbausteine und qualitativen bzw. quantitativen Ziele**
- Klarheit über die **Beiträge der Funktionen, Prozesse und Schnittsellen**
- Präzisierung in Form von **Maßnahmen und Ressourcen für die Umsetzung**
- Einbau ins **Umsetzungs- und Produktivitätscontrolling**

Literatur

Gassmann, O./Sutter, P.: *Digitale Transformation im Unternehmen gestalten*, München 2016.
Stöger, R.: *Produktivitätssteigerung und Ergebnisverbesserung*, Stuttgart 2012.

6. Digitales Produktivitätsprogramm: Modell und Kernthemen

1. Produktivitätstreiber in der „Neuen Welt“	1. **Chancen (und Gefahren) durch die Digitalisierung** auf die Produktivität 2. Relevante **Einflussfaktoren auf die Produktivität**, die aus dem Umfeld kommen (wirtschaftlich, technisch …) 3. Klarheit bzgl. des **Einflusses auf die Marktleistungen (Produkte, Dienstleistungen), Funktionen und Prozesse in der Organisation**
2. Digitale Produktivitätsbausteine und Ziele	1. Maximal fünf bis zehn konkrete Bausteine zur **Verbesserung bzw. Weiterentwicklung der Produktivität** 2. Konkretisierung der Bausteine bzgl. der **qualitativen Ziele im Sinn der Produktivitätssteigerung** 3. (zumindest grobe) **Quantifizierung der Bausteine**
3. Beiträge der Funktionen/Prozesse/Schnittstellen	1. **Konkretisierung der qualitativen und quantitativen Ziele** in den einzelnen Funktionen, Prozessen bzw. Schnittstellen 2. **Bildung von Umsetzungsschwerpunkten** pro Funktion, Prozess, Schnittstelle 3. Grundlage für das **zentrale bzw. dezentrale Umsetzungscontrolling**
4. Umsetzungsmaßnahmen und Umsetzungsressourcen	1. **„Übersetzung“ der bisherigen Ansatzpunkte** in Maßnahmen (pro Funktion, Prozess, Schnittstelle) 2. Einbau der **Maßnahmen in Führungsprozesse** (Zielvereinbarung, Leistungsbeurteilung, Personalentwicklung …) 3. (Grobe) **Quantifizierung der Maßnahmen** in Form einer Ressourcenliste inkl. entsprechender Zeitachse

6. Digitales Produktivitätsprogramm: Werkzeug und Beispiel (Ministerium)

1. Produktivitätstreiber in der „Neuen Welt“	
Produktivitätstreiber	**Auswirkungen**
1. Ausufernde Normen (national, international)	▪ Wachsende Anzahl an Gesetzen und Verordnungen mit entsprechendem Druck auf (Personal-)Ressourcen ▪ Stetig wachsender Druck auf Systemlandschaften, Tempo, Überblick, Schnittstellen-Management etc.
2. Neue Möglichkeiten durch e-Government	▪ Steigende Potenziale durch die „Technisierung“ der Verwaltungsprozesse ▪ Erhöhung der Anforderungen an das Personal bzgl.: Prozessdenke, Applikationskompetenz …
3. …	▪ …

2. Digitale Produktivitätsbausteine und Ziele		
Baustein	**Qualitative Ziele**	**Quantitative Ziele**
1. Roll-out aller Prozesse auf digitales e-Government	▪ Anpassung aller direkten und indirekten Verwaltungs-Prozesse auf eGov2.0 ▪ Umgestaltung der Schnittstellenprozesse in den Landes- und Kommunalämtern	▪ 30.06.: 70 % Prozessumstellung, 31.12.: 95 % Prozessumstellung ▪ Produktivitätswirkung: 5 % p. a. (Personalressourcen)
2. Einführung digitaler, produktivitätsorientierter Steuerungssysteme	▪ Einführung von Produktivitätszielen in den Zielvereinbarungen auf Führungsebene ▪ Umsetzung digitales Produktivitäts-Dashboard	▪ 100 % Einführung der Produktivitäts-steuerungssysteme in den Führungsebenen ▪ …
3. Zentralisierung der indirekten Prozesse	▪ …	

6. Digitales Produktivitätsprogramm: Werkzeug und Beispiel (Ministerium)

3. Beiträge der Funktionen/Prozesse/Schnittstellen	
Funktion/Prozess/ Schnittstelle	**Beiträge zur Produktivitätssteigerung**
1. Landes- und Kommunalämter	▪ Umsetzung der Produktivitätsziele im Rahmen der speziellen Landes- und Kommunalvereinbarungen ▪ Jährliches Produktivitätsreporting an die Zentralabteilung des Ministeriums (Dashboard) ▪ Entwicklung eigener Personalentwicklungspläne zur Kompetenzsteigerung mit den digitalen Medien/ Werkzeugen/Programmen
2. Alle Funktionen (Bereiche, Abteilungen, Teams)	▪ Umsetzung der Produktivitätsziele im Rahmen des Umsetzungsmasterplans ▪ Einführung und Umsetzung der Produktivitätssteuerungssysteme ▪ Umsetzung des Personalentwicklungsprogramms „digitale Zukunft 3.0“ mit entsprechendem Review und Weiterentwicklung der digitalen Kompetenzen
3. Einkauf	▪ Entwicklung Sonderprojekt „Beschaffung 2.0“ anhand der digitalen Roadmap ▪ Umstellung aller Lieferantenschnittstellen auf die neuen Systemlösungen ▪ Spezielles Personalentwicklungsprogramm für Professionalisierung im Einkauf
4. Personal	▪ Monitoring der Personalproduktivitätssteigerung (5 % p. a.) über alle Funktionen und Prozesse ▪ Konzeption und Umsetzung des Personalentwicklungsprogramms „digitale Zukunft 3.0“ ▪ Begleitung der Führungskräfte im Sinn eines Produktivitätscoachings zur Sicherstellung der Ergebnisse
5. …	▪ …

6. Digitales Produktivitätsprogramm: Werkzeug und Beispiel (Ministerium)

4. Umsetzungsmaßnahmen (Beispiel „3. Einkauf“)				
Funktion/Prozess	**Digitalisierungsmaßnahme**	**Termin**	**Verantw.**	**Status**
3. Einkauf	3.1 Konzeption Sonderprojekt „Beschaffung 2.0“ (Basis: digitale Roadmap)	28.02.	Novak	
	3.2 Umsetzung Sonderprojekt „Beschaffung 2.0“ und monatlicher Resultatbericht bis 31.12.	31.12.	Novak	
	3.3 Entwicklung Lieferantenportal „PMP“ und Umsetzungsplan zur Harmonisierung der Prozesse und Schnittstellen	30.06.	Baier	
	3.4 Neuausrichtung der Führungskräfte-Entwicklung im Einkauf anhand von „Beschaffung 2.0“ und „PMP“	30.09.	…	
	3.5 …			

5. Umsetzungsressourcen (Beispiel „3. Einkauf“)		
Funktion/Prozess	**Ressourcen**	**Kosten in Euro**
3. Einkauf	3.1 Projektunterstützung für „Beschaffung 2.0“ (Module 1, 2, 4): Consulting, IT-Programmierung	250.000 Euro einmalig
	3.2 Programmierung „PMP“ anhand der digitalen Roadmap	100.000 Euro einmalig 10.000 Euro je in den Jahren 2 und 3
	3.3 Führungskräfte-Entwicklung: externe Trainerleistung	80.000 Euro einmalig
	3.4 …	

EINE KULTUR DER DIGITALEN VERÄNDERUNGSFÄHIGKEIT HERSTELLEN

Navigator

1. Eine digitale Unternehmenskultur entwickeln
2. Das digitale Change-Management nutzen
3. Die Stakeholder-Kommunikation in der digitalen Welt steuern
4. Mit der systematischen Müllabfuhr die „Alte Welt“ hinter sich lassen
5. Ein permanentes Digitales Verbesserungsprogramm DVP einführen
6. Eine Digitalisierungs-Personalentwicklungs-agenda starten

1. Eine digitale Unternehmenskultur entwickeln

Definition und Ziele im Rahmen der Digitalisierung

Die Unternehmenskultur bildet den normativen Rahmen für jede Organisation. Dies betrifft alle Werte, das Selbstverständnis, die gemeinsame Sprache und Denke, alle Erfahrungs- und Deutungsmuster. Digitalisierung bedeutet auch die Weiterentwicklung der Kultur in die „Neue Welt".

Digitale Schlüsselbegriffe und Synonyme

Digitale Unternehmenskultur, Digitale Werte, Kultur, Kultur-Audit, Kulturimpuls, Normatives Management, Selbstverständnis, Unternehmenskultur, Unternehmensphilosophie, Unternehmenswerte

Nutzen für das Unternehmen

- Unternehmenskultur als wichtiger **Rahmen und „Treibsatz" für Digitalisierung**
- Gemeinsame **Bestandsaufnahme der digitalen Kultur**
- Schaffung eines **Bewusstseins für die Notwendigkeit der Weiterentwicklung** der Kultur
- Definition von **Impulsen für die digitale Unternehmenskultur**
- Gezielte und professionelle **kulturelle Begleitung von größeren Digitalisierungsinitiativen**

Anwendung und Umsetzung

- **Diagnose der aktuellen, digitalen Unternehmenskultur** anhand der Kulturelemente
- Entwicklung eines **Zielbildes der Kultur**
- Erarbeitung von **Maßnahmen bzw. Impulsen zur Gestaltung der Unternehmenskultur**
- Begleitende Prüfung der **Wirksamkeit der Impulse**
- **Integration des Kulturprogramms** in Strategie, Struktur und Personal- bzw. Führungskräfteentwicklung

Literatur

Homma, N.: *Unternehmenskultur und Führung*, Wiesbaden 2015.
Schwab, K.: *Die vierte industrielle Revolution*, München 2016.

1. Digitale Unternehmenskultur: Modell und Kernthemen

Kulturfaktor	Erfolgsfaktoren für die digitale Unternehmenskultur
1. Umsetzungsstärke	1. Wir sind schnell, unkompliziert, **leistungsstark** und stellen das Resultat in den Mittelpunkt. 2. Wir schätzen, fordern und belohnen **Initiative und Engagement**. 3. Wir **konzentrieren** uns auf Weniges und geben klare Orientierung. 4. Wir orientieren uns am **Kunden** und am Markt, interne Befindlichkeiten haben keinen Platz.
2. Erneuerungsfähigkeit	1. Wir haben Mut für Neues und leiten rechtzeitig **Veränderungsschritte** ein. 2. Wir stellen uns immer wieder in Frage und entwickeln **neue Lösungen**. 3. Wir sind **veränderungsbereit** und stellen Überkommenes ab. 4. Wir setzen auf **kontinuierliche Verbesserung** bei Qualität, Zeit und Kosten.
3. Professionalität	1. Wir **führen kompetent**, geben Feedback und entwickeln unsere Stärken weiter. 2. Wir nutzen **Chancen und Entscheidungsspielräume**. 3. Wir haben klare **Aufgaben, Kompetenzen und Verantwortlichkeiten** (AKV). 4. Wir minimieren Abteilungsdenken und setzen auf **bereichsübergreifende Zusammenarbeit**.
4. Vertrauen	1. Wir sorgen für klare **Entscheidungen** und halten Vereinbarungen ein. 2. Wir können uns aufeinander verlassen und haben einen **wertschätzenden Umgang mit allen.** 3. Wir sprechen **unangenehme Themen** offen an und lösen diese sachlich. 4. Wir übernehmen **Verantwortung**, gehen mit gutem Beispiel voran und sind authentisch.
5. Sinnstiftung	1. Wir kennen den **Unternehmenszweck** und finden Sinn in dem, was wir tun. 2. Wir sind **stolz** auf das Unternehmen und das gemeinsam Erreichte. 3. Wir haben eine **positive Einstellung** und entwickeln uns immer weiter. 4. Wir sind **anders als andere** und das gibt uns Ansporn für Leistung und Sinn.

1. Digitale Unternehmenskultur: Werkzeug und Beispiel (Versicherung)

Kultur-Element	Beurteilung trifft keinesfalls zu — trifft vollständig zu	Einschätzung der Situation
1. Umsetzungs-stärke		1. Die Marktorientierung ist stark ausgeprägt. 2. Das Unternehmen und die meisten Abteilungen sind stark verzettelt (Projektflut …). 3. Es fehlt an langfristiger Orientierung.
2. Erneuerungs-fähigkeit		1. Das Unternehmen und die Mitarbeiter sind erneuerungsfähig und erneuerungswillig. 2. „Neue Welten“ werden (meistens) angenommen. 3. Kontinuierliche Verbesserung läuft unstrukturiert.
3. Professionalität		1. Schnittstellen-Management existiert nicht. 2. Die AKV (Aufgaben, Kompetenzen, Verantwortlichkeiten) sind völlig unstrukturiert. 3. Führungskräfte-Entwicklung ist zufallsgetrieben.
4. Vertrauen		1. Wertschätzung und gegenseitiges Vertrauen sind stark ausgeprägt. 2. Offene, kritische Diskussionen werden geführt. 3. Verantwortung für Resultate wird gelebt.
5. Sinnstiftung		1. Sinn und Zweck der Digitalisierung sind bekannt. 2. Die Mitarbeiter sehen das Unternehmen als Vorreiter in vielen Themen und sind stolz darauf. 3. Es herrscht eine positive Atmosphäre.

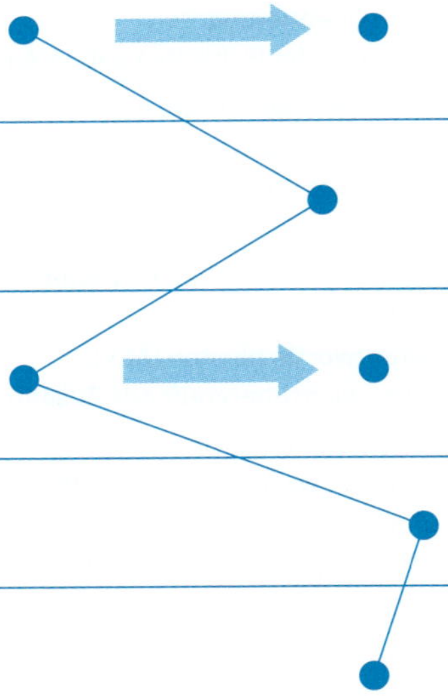

1. Digitale Unternehmenskultur: Werkzeug und Beispiel (Versicherung)

Kultur-Element	Gestaltung und Impulse für die Unternehmenskultur: Maßnahmen	Termin	Verantw.
1. Umsetzungsstärke	1.1 Zusammenfassung und Konsolidierung aller Digitalisierungsinitiativen als Digitalisierungsstrategie mit klaren Botschaften	31.03.	Strolz
	1.2 Einführung und Umsetzung eines durchgängigen Management-Prozesses „Führen mit Zielen“ für alle Führungskräfte und definierte Schlüsselmitarbeiter bzw. Projektleiter	31.01.	Schwartz
	1.3 Einführung einer „systematischen Müllabfuhr“ und eine klare Priorisierung der Projekte.	28.02.	Weiland
2. Erneuerungsfähigkeit	2.1 Entwicklung und Umsetzung eines KVP für alle Funktionen und übgreifend im Rahmen der Jahreszielvereinbarungen	30.06.	Günther
3. Professionalität	3.1 Klärung der AKV in den Schnittstellen zu allen Business-Partnern und zu Schlüsselkunden	30.04.	Bolowski
	3.2 Klärung der AKV intern bei allen Funktionen und Führungsprozessen	30.04.	Bolowski
	3.3 Überarbeitung des Organisationshandbuches und des Sitzungskalenders mit Digitalisierungsschwerpunkten	30.06.	Kettner
	3.4 Konzeption und Umsetzung eines Führungksräfte-Entwicklungsprogramms mit Digitalisierungsschwerpunkten	31.12.	…
4. Vertrauen	4.1 …		
5. Sinnstiftung	…		

2. Das digitale Change-Management nutzen

Definition und Ziele im Rahmen der Digitalisierung

Digitales Change-Management beinhaltet alle Methoden, Vorgehensweisen und Initiativen zur Begleitung der Digitalisierung eines Unternehmens. Dies betrifft die sachrationalen, prozessbezogenen und emotional-verhaltensorientierten Dimensionen.

Nutzen für das Unternehmen

- **Aktive Steuerung des Change-Managements** als Schlüssel für Veränderungsfähigkeit
- **Bewusstsein für begleitende Impulse** zusätzlich zum rein sachrationalen-unternehmerischen Digitalisierungsziel
- Regelmäßige **Diagnose der Veränderungsfähigkeit**
- **Gemeinsame Sicht auf Veränderungstreiber** und deren Gestaltung
- **Erkenntnisse für andere Change-Themen** in Zukunft

Digitale Schlüsselbegriffe und Synonyme

Change-Diagnose, Change-Management, Digitales Change-Audit, Digitales Change-Management, Veränderungsimpuls, Veränderungskultur, Veränderungsmanagement, Veränderungstreiber

Anwendung und Umsetzung

- **Beurteilung der Change-Erfolgsfaktoren** für das konkrete Digitalisierungsvorhaben
- Ableitung einer **Zielposition für das Change-Profil**
- **Identifikation der Veränderungstreiber** im Sinn fördernder bzw. hindernder Faktoren
- Entwicklung von **Maßnahmen zur Beschleunigung der Veränderung** („des Change“)
- Laufende Prüfung der **Wirksamkeit der Maßnahmen**

Literatur

Doppler, K./Lauterburg, C.: *Change Management: Den Unternehmenswandel gestalten*, Frankfurt 2014.
Stöger, R.: *Umsetzung der Digitalisierung. Fazit 1.0 in der Neuen Welt*, in: Zeitschrift für Organisations-Entwicklung, 01/2017.

2. Digitales Change-Management: Modell und Kernthemen

Erfolgsfaktor für das Change-Management	Kernthemen
1. Einheitliches Verständnis in der Führungsmannschaft zur Digitalisierung	▪ Herstellen einer **einheitlichen Richtung der Digitalisierung**: Beibehaltung oder Veränderung des Geschäftsmodells, Fokus auf Marktleistung oder Produktivität ▪ **Weiterentwicklung des Leitbildes** im Falle großer Veränderungen und der Verschiebung von Unternehmensgrenzen
2. Vermittlung der Notwendigkeit der Digitalisierung	▪ **Verständlichmachen der Transformation** von der Alten Welt in die Neue Welt ▪ **Aktives Einbeziehen der Mitarbeiter und Führungskräfte**, v. a. als Treiber des Prozesses
3. Klare Orientierung durch eine Digitalisierungsagenda	▪ Erarbeitung einer **Digitalisierungsstrategie** als Grundlage für Ziele, Umsetzung, Review und Kommunikation ▪ Schaffung eines **Digitalisierungsradars**, d. h. Echtzeit-Informationen über Veränderungen (Märkte, Kunden, Wettbewerber, Netzwerke, Technologien …)
4. Spürbare Verbesserung von Kundennutzen und Produktivität	▪ **Steigerung des Kundennutzens** durch Weiterentwicklung der Stärken, Marktleistungen und Wettbewerbsvorteile ▪ Nutzung aller digitalen Möglichkeiten zum (permanenten) **Ausbau der Produktivität** bzw. Prozessleistung
5. Anpassung von Strukturen, Entwicklungs- und Führungsprozessen	▪ **Anpassung der Organisation** an die Erfordernisse der Neuen Welt, v. a. Führungsprozesse ▪ Sicherstellung der **Digitalen Fitness** durch Personal- bzw. Management-Entwicklung
6. Sicherstellung einer Kultur der Veränderungsfähigkeit und der Umsetzungsstärke	▪ Entwicklung einer **digitalen Kultur der Vernetzungsfähigkeit**, der Lösungsorientierung, der Selbstorganisation und der Resultate ▪ Eine digitale Kultur als Ergebnis und zugleich **Treiber der digitalen Welt**

2. Digitales Change-Management: Werkzeug und Beispiel (Bank)

Change-Erfolgsfaktor	Beurteilung trifft keinesfalls zu — trifft vollständig zu	Einschätzung der Situation
1. Einheitliches Verständnis in der Führungsmannschaft zur Digitalisierung	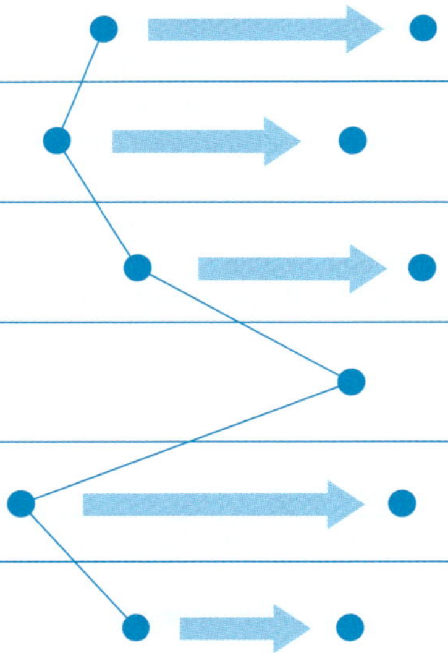	1. Einheitliches Verständnis im Topmanagement, aber nicht in den Führungsebenen 2. Kein „Masterplan“ für die Digitalisierung
2. Vermittlung der Notwendigkeit der Digitalisierung		1. Keine breit angelegte Entwicklung der „digitalen Welt“ und fehlende Kommunikation 2. Vorurteile und Unsicherheit in der Mannschaft
3. Klare Orientierung durch eine Digitalisierungsagenda		1. Viele laufende, aber nicht abgestimmte Initiativen (SGFs, Funktionen, Regionen) 2. Fehlende Vorgehensmethodik bzw. Werkzeuge
4. Spürbare Verbesserung von Kundennutzen und Produktivität		1. Objektiv große Chancen durch Digitalisierung (v. a. marktseitig) 2. Viele Vorschläge und teilweise gestartete Maßnahmen
5. Anpassung von Strukturen, Entwicklungs- und Führungsprozessen		1. Keine Weiterentwicklung von Strukturen bzw. der Personal-/Führungskräfte-Entwicklung 2. Keine Führungsprozesse für die Digitalisierung
6. Sicherstellung einer Kultur der Veränderungsfähigkeit und der Umsetzungsstärke		1. Vorhandene Kultur der Leistung, der Resultatorientierung und des Vertrauens 2. Keine explizite Kulturentwicklung

2. Digitales Change-Management: Werkzeug und Beispiel (Bank)

Veränderungstreiber: fördernde Faktoren für die Veränderung	Veränderungstreiber: hindernde Faktoren für die Veränderung
1. Einheitliches Verständnis im Topmanagement 2. Objektiv große Chancen durch die Digitalisierung: neue Geschäftsfelder bzw. Stärkung der Marktstellung 3. Viele Vorschläge und zahlreiche angestoßene Maßnahmen in Richtung „Digitalisierung des Geschäftsmodells“ 4. Große Dynamik und Umsetzungsstärke im Unternehmen 5. Kultur der Leistung, der Resultatorientierung und des Vertrauens 6. …	1. Unterschiedliche Meinungen in den Führungsebenen 2. Fehlender „Masterplan“ für die Digitalisierung 3. Vorurteile und Verunsicherung in der Mannschaft 4. Fehlende Methoden bzw. Werkzeuge zur Entwicklung, Entscheidung und Umsetzung der Digitalisierung 5. Keine Organisations-, Personal- und Führungskräfte-Entwicklung in Richtung der neuen, digitalen Welt 6. …

Nr.	Digitales Change-Management: Maßnahmen	Termin	Verantwortung
1	Gemeinsame Entwicklung eines „Masterplans für die digitale Welt“ in der Führungsmannschaft (Change-Camp für das Unternehmen und anschließend für SGFs und Funktionen)	31.03.	Stüber
2	Entwicklung einer Digitalisierungsgesamtstrategie unter Einbeziehung der bisher gestarteten Maßnahmen (inkl. Verwendung eines einheitlichen Methoden-/Werkzeugsets für die Digitalisierung)	30.06.	Dentzer
3	Anpassung der wichtigsten Unternehmensprozesse an die Digitalisierungsgesamtstrategie (klare AKV – Aufgaben, Kompetenzen, Verantwortlichkeiten)	30.09.	Zeller
4	Klärung der notwendigen Veränderungen bzw. Anpassungen in den Führungsprozessen (Zielvereinbarung, Unternehmensplanung) bzw. in den Führungsgremien	30.09.	…
5	Kritische Prüfung und Weiterentwicklung des vorhandenen Personal- und Führungskräfte-Entwicklungskonzepts in Richtung der „Digitalen Welt“: Themen, Schwerpunkte, Methoden	…	
6	…		

3. Die Stakeholder-Kommunikation in der digitalen Welt steuern

Definition und Ziele im Rahmen der Digitalisierung

Der Erfolg eines Digitalisierungsprogramms hängt von den jeweiligen Stakeholdern ab. Dies sind Anspruchs- bzw. Interessensgruppen (Eigentümer, Führungskräfte, Mitarbeiter, Interessensverbände, Lieferanten, Kunden …) und müssen aktiv gesteuert und kommunikativ einbezogen werden.

Nutzen für das Unternehmen

- Klarheit über die **erfolgskritischen Stakeholder für die Umsetzung der Digitalisierung**
- **Transparenz über Interessen, Einfluss und Macht** im Rahmen der Veränderungen
- **Aktive Steuerung der Stakeholder** und Nutzung der Stakeholder für den Umsetzungserfolg
- **Gezielte Kommunikation und Minimierung des Risikos** von Fehlinformation bzw. Missverständnissen
- Entwicklung einer **gemeinsamen Sichtweise im Digitalisierungsteam** über die Stakeholder

Digitale Schlüsselbegriffe und Synonyme

Anspruchsgruppen, Digitales Stakeholder-Management, Interessensgruppen, Kommunikationsmatrix, Kommunikationsstrategie, Stakeholder, Stakeholder-Kommunikation, Stakeholder-Management, Stakeholder-Radar, Stakeholder-Strategie

Anwendung und Umsetzung

- Definition der **Stakeholder für das Digitalisierungsprogramm**
- Klärung der **Interessen bzw. Einflussnahme** der Stakeholder
- Erarbeitung der **Kommunikationsmatrix** mit Zielen, Inhalten und Medien
- Entwicklung von **Maßnahmen zur Steuerung bzw. Kommunikation**
- Steuerung der Stakeholder als **Kernthema in Digitalisierungsprogrammen**

Literatur

Pfannenberg, J.: *Corporate Communikations im Web 2.0. Relevanz und Legitimität für das Unternehmen*, Düsseldorf 2011.
Schüller, A.: *Kommunikation in Zeiten der digitalen Transformation*, Offenbach 2016.

3. Digitale Stakeholder-Kommunikation: Modell und Kernthemen

1. Steuerung der Stakeholder	▪ Identifikation der **Stakeholder für die Digitalisierung** (Mitarbeiter, Führungskräfte, Eigentümer, Kunden …) ▪ Klarheit über **Interessen, Bedürfnisse und Absichten** bzgl. der Veränderung ▪ Identifikation von **Einfluss, Macht bzw. Beiträge der Stakeholder** ▪ Klärung der Abhängigkeit der Stakeholder **vom Erfolg oder Misserfolg der Veränderung** ▪ Einschätzung von **Koalitionen oder Konkurrenz** zwischen Stakeholdern ▪ Quantifizierung des **Aufwands** (Zeit, Geld, Aufmerksamkeit …) zur Steuerung der Stakeholder
2. Kennzeichen der Verbündeten	▪ **Aktives Einbringen von Veränderungen** und Neuerungen für die digitale Welt ▪ Einsicht in die **Notwendigkeit des Wandels** ▪ Unzweifelhafte **Unterstützung nach innen und außen** ▪ **Aktiver Botschafter** des Neuen ▪ **Initiative**, Kompetenz und Umsetzungsstärke ▪ Übernahme von **Verantwortung**
3. Kennzeichen der Gegner	▪ Fokussierung auf **Kritik, Zweifel und Probleme** der neuen, digitalen Welt ▪ **Fehlende Einsicht in die Sinnhaftigkeit** der Digitalisierung ▪ Häufiges bzw. ständiges **Zurückfallen in die „Alte Welt“** ▪ Keine bzw. **mangelhafte Unterstützung bzw. Überzeugungskraft** ▪ **Fehlende Übernahme von Verantwortung bzw. Umsetzung** des Neuen ▪ Aktive bzw. passive **Hinhalte-, Verzögerungs- und Widerstandstaktik**
4. Kernfragen für die Kommunikation	▪ Klarheit über das jeweilige **Kommunikationsziel pro Stakeholder** ▪ Bestimmung der **Kommunikationsmedien pro Stakeholder** ▪ Definition der **zeitlichen Taktung** der Kommunikation ▪ Bestimmung der **Aufgaben, Kompetenzen und Verantwortlichkeiten** für die Kommunikation ▪ Klärung des **Kommunikationsaufwandes** ▪ Kritische Prüfung der **Wirksamkeit der Kommunikation**

3. Digitales Stakeholder-Cockpit: Werkzeug und Beispiel (Handel)

Stakeholder	Interessen der Stakeholder	Einflussnahme der Stakeholder	Maßnahme zur Steuerung	Termin	Verantw.
1. Mitarbeiter (Filialen und Zentrale)	▪ Arbeitsplatz-Sicherheit ▪ Keine Verschlechterung der Arbeitsbedingungen (Arbeitsort, -zeit …) ▪ Beibehaltung des Tarifs und des Lohnniveaus ▪ Teilweise: Beibehaltung der „Alten Welt" ▪ …	▪ Operative Umsetzung des Digitalisierungsprogramms ▪ Grundsätzlich Unterstützung des Konzepts (v. a. in strukturschwachen Regionen) ▪ Kündigung bei großen räumlichen Veränderungen ▪ …	▪ Aktive Beteiligung in den Umsetzungszirkeln der Filialen und Funktionen ▪ Bildung von Mitarbeiter-Change-Teams ▪ Regelmäßiger Bericht des Umsetzungserfolgs ▪ Change-Tage mit dem Topmanagement ▪ …	31.10.	Tiener
2. Führungskräfte (v. a. Filialen)	▪ Beibehaltung der Führungsfunktion ▪ Erhalt der Gestaltungsmöglichkeiten ▪ Teilweise: Beibehaltung der „Alten Welt" ▪ …	▪ Operative Steuerung und Umsetzung des Digitalisierungsprogramms ▪ Grundsätzliche Unterstützung des Konzepts ▪ Widerstand bei aufgelösten Einheiten ▪ …	▪ Ausbau der Management-Verantwortung in den Filialen ▪ Neues Bonus-Modell anhand des Umsetzungserfolgs ▪ Change-Tage mit dem Topmanagement ▪ …	…	…
3. Mitarbeiter-Vetreter	…		…		

3. Digitale Stakeholder-Kommunikationsmatrix: Werkzeug und Beispiel (Handel)

Stakeholder	Ziele/Inhalt	Medium/Initiative	Termin/Takt	Verantw.
1. Mitarbeiter (Filialen und Zentrale)	▪ Transparenz zu Zielen und Prozess der Digitalisierungsstrategie ▪ Regelmäßige Information in allen Medien ▪ Aktive Gelegenheit zum Feedback ▪ Aktive Mitgestaltung (im Rahmen der Stelle)	▪ Monatsinformation der GF zum Digitalisierungsprojekt	Monatlich ab 01.03.	Maier
		▪ Regelmäßige Berichte im Intranet zw. in der Mitarbeiterzeitung	2–3 x p. m. ab 01.04.	Maier
		▪ Monatlicher Digitalisierungsworkshop (1–2h) zur Umsetzung	ab 01.04.	Filialleiter, Leiter ZF
		▪ Nutzung aller Feedbackmedien: „GF vor Ort“, BR, Intranet …	ab 01.04.	Severin
2. Führungskräfte (v. a. Filialen)	▪ Verantwortung und Vorwärtstreiben der Umsetzung ▪ Transparenz zu Zielen und Prozess der Digitalisierungsstrategie ▪ Regelmäßige Information in allen Medien ▪ Aktive Gelegenheit zum Feedback	▪ Selbe Medien wie „Mitarbeiter“	vgl. oben	vgl. oben
		▪ Durchführung der Digitalisierungsworkshops (v. a. Filialen) mit entsprechender Rückmeldung an die Gesamtprojektleitung	Ab 01.04.	je Filialleiter
		▪ Aktive Teilnahme am Führungskräfte-Programm „Change-Management in der Digitalisierung“	30.06.	…
3. Mitarbeiter-Vertreter	▪ …			

4. Mit der systematischen Müllabfuhr die „Alte Welt“ hinter sich lassen

Definition und Ziele im Rahmen der Digitalisierung

Mit der „systematischen Müllabfuhr“ sollen überholte Themen der „Alten Welt“ abgeschafft bzw. reduziert werden. Dies betrifft Produkte, Dienstleistungen, Geschäftsmodelle, Prozesse, Reports, Sitzungen … Damit werden Ressourcen für die digitale Welt frei und es entsteht eine Kultur der Veränderungsfähigkeit.

Digitale Schlüsselbegriffe und Synonyme

Digitale Müllabfuhr, Effektivitätssteigerung, Effizienzsteigerung, Organisatorische Entschlackung, Produktivitätssteigerung, Systematische Müllabfuhr

Nutzen für das Unternehmen

- Nutzung der **Digitalisierung zur Steigerung der Produktivität**
- Gezieltes Vorgehen zum **Abbau von Aktivitäten bzw. Leistungen**
- Voraussetzung zum **Freispielen von Ressourcen für die Digitalisierung**
- **Verbindung mit Führungsprozessen** (Zielvereinbarung, Strategie, KVP, Produktivitätsmanagement …)
- Werkzeug für eine **Kultur der Veränderungsfähigkeit**

Anwendung und Umsetzung

- Klarheit über die **Schlüsselthemen zur systematisschen Müllabfuhr**
- Darstellung des jeweiligen **Status in der „Alten Welt“**
- Erarbeitung der **Produktivitätspotenziale in der „Neuen Welt“**
- Entwicklung von **Maßnahmen zur systematischen Müllabfuhr**
- **Regelmäßiger Einsatz** im Rahmen von Jahreszielen, KVP und Stategie

Literatur

Humble, J./Molesky, J./O`Reilly, B.: *Lean Enterprise*, Newton 2014.
Malik, F.: *Führen Leisten Leben*, Frankfurt 2014.

4. Systematische Müllabfuhr der „Alten Welt“: Modell und Kernthemen

1. Gegenstand der systematischen Müllabfuhr	▪ **Produkte, Dienstleistungen**, Geschäftsmodelle, Geschäftsfelder, Geschäftseinheiten ▪ **Verfahren**, Technologien, Methoden, Systeme ▪ **Partner**, Lieferanten, Kunden, Kundengruppen, Branchen, Regionen ▪ **Strukturen**, Prozesse (Steuerungs-, Geschäfts-, Unterstützungsprozesse) ▪ **Gremien**, Sitzungen ▪ **Berichte**, Formulare, Standards, Kontrollen, Regelungen
2. Abbau von Aktivitäten bzw. Leistungen	▪ Kompletter **Wegfall** (Bsp. Produkt, Dienstleistung, Prozess) ▪ **Reduktion** von Aufwand (Bsp. Reports, Kontrollen) ▪ Senkung der **Frequenz** (Bsp. Besuche, Berichtsrhythmus, Sitzungen) ▪ Abbau von **Qualität** (Bsp. Beratung, Servicierung) ▪ Senkung des **Umfanges** (Bsp. Stichproben statt Totalerfassung) ▪ Zeitliche **Verlangsamung** (Bsp. Verlängerung von Liefer- und Servicerhythmen)
3. Steigerung der Produktivität	▪ **Standardisierung** und Straffung der Prozesse (Bsp. pauschale Spesen, Prozessvorlagen) ▪ **Delegation** auf andere Stellen bzw. Vernetzung (Bsp. Angebotserstellung durch Abwickler) ▪ **Outsourcing** (Bsp. Logistikdienste) ▪ Optimierung der **Kapazitäten** (Bsp. Flexibilisierung von Arbeitszeit) ▪ Entscheidungs- und **Informationsoptimierung** (Bsp. Schnittstellen, Echtzeit) ▪ Regelmäßige **systematische Müllabfuhr bzw. KVP** (Bsp. digitale Produktivitätssteigerung)

4. Systematische Müllabfuhr der „Alten Welt“: Werkzeug und Beispiel (Chemie)

Schlüsselthema	Status in der „Alten Welt“	Produktivitätspotenzial in der „Neuen Welt“	Maßnahmen zur systematischen Müllabfuhr	Termin	Verantw.
Produktvarianten	▪ 18 % des Umsatzes mit 65 % der Varianten ▪ Steigende Komplexität in der Bewirtschaftung	▪ Streichung von 30 % der Varianten durch Echtzeit-Information über Umsätze/DB … ▪ Umsatzverlust: 20 Mio. Euro p. a. ▪ Kostenwirkung: 5 Mio. Euro p. a.	Entwicklung und Umsetzung des Varianten-Reduktionsprogramms (Nutzung der neuen Vertriebssysteme)	31.12.	Milberg
Kundendienst	▪ Sinkende Kundendienst-Produktivität (p. a. 5 %) ▪ Admin-Anteil: ca. 40 % ▪ Generell zu teures Geschäftsmodell (zu hoher „analoger“ Anteil)	▪ Delegation des A-Kundenservice auf Industrie-Agenturen/Handelsvertreter: 4 Mio. Euro Kosteneffekt p. a.	Entwicklung eines Service-Geschäftsmodells für Industrie-Agenturen/Handelsvertreter	30.06.	Pfister
		▪ Umstellung Verträge und Bepreisung Service für C-Kunden: 2 Mio. Euro Kosteneffekt per Saldo	Umstellung des Service-Geschäfts bei C-Kunden auf das Umsatz-Kosten-Modell	30.09.	Renner
Sitzungen und Gremien	▪ Sitzungs-/Gremien-Anteil im Management ca. 30 % (steigend) ▪ Nach wie vor zu viel Präsenz und unproduktive Zeit	▪ Reduktion des Sitzungsvolumens um 30–40 % ▪ Durchgängige Nutzung der „virtual rooms“ für Sitzungen ▪ Steigerung Sitzungsproduktivität um 30 %	Roll-out der „virtual rooms“ auf alle Standorte	30.06.	Perz
			Reduktion des Sitzungs-Aufwandes pro SGF bzw. Funktion um 30 %	31.12.	Leitung SGF/Fkt.
Prozesse	▪ …				

5. Ein permanentes Digitales Verbesserungsprogramm (DVP) einführen

Definition und Ziele im Rahmen der Digitalisierung

Das Digitale Verbesserungsprogramm (DVP) dient dazu, die Potenziale und Chancen aus der Digitalisierung permanent verfügbar zu machen. Es ist eine Adaption des kontinuierlichen Verbesserungsprozesses (KVP) und orientiert sich ebenso an den Eckpunkten „Qualität-Zeit-Kosten“. Das DVP kann sich auf Marktleistungen, Prozesse, Systeme … beziehen.

Digitale Schlüsselbegriffe und Synonyme

Digitales Qualitätsmanagement, Digitales Verbesserungsprogramm (DVP), Digitaler Verbesserungsvorschlag DVV, digitales TQM (Total Quality Management), Kaizen, Kontinuierlicher Verbesserungsprozess (KVP), KVP-Cockpit, Qualitätsmanagement

Nutzen für das Unternehmen

- Nutzung der **Digitalisierung als Quelle für permanente Verbesserung**
- Steigerung der **Akzeptanz der Digitalisierung**
- **Breite Verwendung** der Verfahren (Themen und Tiefe der Ausarbeitung)
- Beitrag zur einer **Organisation der Qualität und der Verbesserungskultur**
- Quelle für **Innovation, Produktivitätssteigerung und Organisationsentwicklung**

Anwendung und Umsetzung

- Definition des **relevanten Prozesses bzw. der relevanten Marktleistung** für das DVP
- Entwicklung der **Potenziale aus der Digitalisierung** durch „Qualität-Zeit-Kosten“
- Erarbeitung von **Digitalisierungsmaßnahmen**
- Detaillierung der Maßnahmen durch **Digitale Verbesserungsvorschläge (DVV)**
- Etablierung von DVP und DVV als **permanenter Führungsprozess**

Literatur

Ifaa-Edition: *5S als Basis des kontinuierlichen Verbesserungsprozesses*, Berlin 2016.
Witt, J./Witt, T.: *Werkzeuge des Qualitätsmanagements in der KVP-Praxis*, Düsseldorf 2013.

5. Digitales Verbesserungsprogramm (DVP): Modell und Kernthemen

Treiber guter Performance im DVP		
Qualität	**Zeit**	**Kosten**
1. Große **Nähe zum Kunden** und zum Geschäft generell 2. **Viel Feedback vom Markt** und entsprechende „Big Data Systeme" 3. **Kultur der Resultate** und des Kundennutzens 4. Grundprinzip des „**first pass yield**" („beim ersten Mal richtig") 5. Organisatorisch verankerte **Veränderungs- und Innovationsfähigkeit** 6. Hohes **Ausbildungs- und Weiterbildungsniveau** im Personal 7. Ausgeprägte Kompetenz bei Aufgaben, Werkzeugen und Grundsätzen **wirksamer Führung** 8. Verlässliche und kompatible **Informationssysteme**	1. **Digitale Prozesse** mit zügigen Durchlaufzeiten in Bearbeitung und Entscheidungsfindung 2. Transparente **Entscheidungswege** und Tempo beim Entscheiden und Umsetzen 3. Geringe Zahl an **Berichts-/Genehmigungsstufen** 4. Wenige bzw. keine **Rückfragen, Warteschleifen, Suchzeiten** 5. Niedrige **Planungs-, Vorbereitungs-, „Rüst-" und Umsetzungs**zeiten 6. **Zeitdisziplin** im Kommunizieren und Umsetzen 7. Wirksames **Sitzungs- und Projektmanagement** 8. Professionelles **Zeitmanagement**	1. Klare **Aufgaben, Kompetenzen, Verantwortlichkeiten** (AKV) 2. **Geringe Zahl an Schnittstellen** intern/extern 3. Professionelles **Produktivitäts-Management** 4. Kenntnis und **Beherrschung der Kostentreiber** 5. **Anreizsysteme** für produktives Arbeiten 6. Gute **Arbeitsmethodik** bei Mitarbeitern und Führungskräften 7. Schlanke und **geschäftsorientierte IT- und Planungssysteme** 8. Regelmäßige „**systematische Müllabfuhr**" und konsequente Aufgabenkritik

5. Digitales Verbesserungsprogramm (DVP): Werkzeug und Beispiel (Logistik)

DVP: Prozess/ Verantw.:	Kundenservice-Prozess für Großkunden/A. Wallner			
DVP-Eckpunkt	**Potenzial aus der Digitalisierung**	**Digitalisierungsmaßnahme**	**Termin**	**Verantw.**
1. Qualität	1.1 Durchgängige Schnittstellen zu den Kundensystemen (Vertrieb, Dispo …) zur Steigerung der Informationsqualität	1.1 Umsetzung und Roll-out von „LogSys 2.0“ auf alle Großkunden mit entsprechenden Dispo- und ERP-Schnittstellen	30.09.	Saller
	1.2 Leistungssteigerung durch systematisches Benchmarking innerhalb und außerhalb der Branche	1.2 Entwicklung und Umsetzung eines einfachen Big-Data-Benchmarkings bzgl. Response, Lieferqualität …	31.05.	Grovsky
	1.3 Steigerung der „Management attention“ durch Entwicklung eines Prozess-Auftrags als Führungsinstrument	1.3 Erarbeitung und Umsetzung eines Prozess-Auftrags für „Kundenservice-Prozess“	31.03.	Pattmann
	1.4 …			
2. Zeit	2.1 Deutlich schnellere Response-Zeiten und Umsetzungsgeschwindigkeit bei Anfragen und Reklamationen	2.1 Verbesserung der Responsezeiten um 30 % (Anfragen) und um 20 % (Reklamationen)	30.06.	…
	2.2 Produktivitätssteigerung bei Qualitätssitzungen und in der Nachverfolgung von Maßnahmen	2.2 Neugestaltung der Qualitätszirkel bzw. der Qualitätsgremien: monatliche Qualitätssitzung und wöchentlicher Resultatsbericht	…	
	2.3 …	…		
3. Kosten	3.1 …			

5. Digitaler Verbesserungsvorschlag (DVV): Werkzeug und Beispiel (Logistik)

DVV	Big-Data-Qualitätsbenchmarking
1. Verantw./Datum	B. Hollein/28.02.
2. Ziele und Nutzung der Digitalisierung	▪ Sicherstellung eines einfachen und hoch-automatisierten Qualitätsbenchmarkings ▪ Einbezug von brancheninternen und branchenexternen Benchmarking-Partnern ▪ Einbau des Benchmarkings in den Qualitätsmanagement-Prozess zur Sicherstellung von Entscheidungen und Wirksamkeit
3. Begründung und Ausgangslage	▪ Nutzung der vielfach vorhandenen automatisierbaren Big-Data-Quellen für das Qualitätsmanagement ▪ Beitrag für Impulse „out of the box" (v. a. Profis aus anderen Branchen) ▪ Notwendigkeit zur permanenten Qualitätssteigerung angesichts der Differenzierung des Marktes in Preis- und Qualitätsmärkte
4. Mittel	▪ Programmieraufwand inkl. Systemintegration: 20.000–30.000 Euro ▪ Training (ext. Aufwand und int. Arbeitszeit): 5.000 Euro
5. Maßnahmen/Verantw.	▪ Spezifikation, Programmierung und erster Test: C. Mandritsch ▪ Umsetzung und Aufnahme in den Qualitätsmanagement-Prozess: F. Hellring ▪ Bewertung nach 6–12 Monaten: F. Hellring
6. Termine/Meilensteine	▪ Spezifikation, Programmierung und erster Test: 30.06. ▪ Umsetzung und Aufnahme in den Qualitätsmanagement-Prozess: 31.10. ▪ Bewertung nach 6–12 Monaten: 31.01.
7. Entscheidung Digitalisierungssteuerungskreis	▪ Der Digitalisierungssteuerungskreis befürwortet die Initiative und gibt die Maßnahme frei. ▪ B. Hollein wird als Umsetzungsverantwortlicher definiert und berichtet monatlich im Rahmen des Resultat-Reportings über den Stand der Umsetzung. ▪ Im 4. Quartal wird dem Steuerungskreis eine „Live-Version" des Benchmarkings vorgeführt.

6. Eine Digitalisierungs-Personalentwicklungsagenda starten

Definition und Ziele im Rahmen der Digitalisierung

Mit der Digitalisierungs-Personalentwicklungsagenda wird die Ausbildung- und Entwicklung von Mitarbeitern und Führungskräften für die „Neue Welt“ sichergestellt. Dabei geht es neben der übergreifenden Personalentwicklungsagenda auch um die individuelle Entwicklungsplanung.

Digitale Schlüsselbegriffe und Synonyme

Digitale Aus- und Weiterbildung, Digitales HRM, Digitalisierungs-Personalentwicklungsagenda, Personalentwicklungsplan, Persönliche Digitalisierungsagenda

Nutzen für das Unternehmen

- Konsequente **Begleitung der Digitalisierung mit der Personalentwicklung**
- Individualisierung der Digitalisierung im Sinn der **Kompetenzsteigerung**
- Voraussetzung für eine **Kultur der Veränderungsfähigkeit**
- Beitrag für eine **„lernende Organisation“**
- Notwendiger **Bestandteil jeder Digitalisierungsstrategie**

Anwendung und Umsetzung

- Definition der **Zielgruppen für die digitale Personalentwicklung**
- Festlegung der **Entwicklungsschwerpunkte pro Zielgruppe**
- Darstellung der erforderlichen **Kompetenzfelder für die persönliche Digitalisierungsagenda**
- Entwicklung der notwendigen **Entwicklungsschwerpunkte**
- Abgleich der digitalen Personalentwicklung mit der **Digitalisierungsstrategie**

Literatur

Petry, T. (Hrsg.): *Digital Leadership*, Freiburg 2016.

Pfannenberg, J./Schmalstieg, D. (Hrsg.): *Toolbox Social Media*, Stuttgart 2015.

6. Digitalisierungs-Personalentwicklungsagenda: Modell und Kernthemen

Zielgruppe	Kompetenz- und Entwicklungsthemen der Digitalisierung
1. Entwicklungsthemen für alle Mitarbeiter	▪ **Einblick und Sensibilisierung** für die Digitalisierung generell und bzgl. des Unternehmens ▪ Steigerung der **Kompetenzen in den Systemen, Prozessen und Projekten** ▪ Entwicklung der **Kompetenzen zum Arbeiten in Schnittstellen bzw. Projekten** ▪ Verbesserung der **Selbstführung und des Führens von Kollegen und Chefs**
2. Entwicklungsthemen für Führungskräfte	▪ Steigerung der **Fähigkeiten zum Heben aller Potenziale der Digitalisierung** (Markt, Produktivitäten) ▪ Ausbau der **eigenen Kompetenz zur Entwicklung der Mitarbeiter in die digitale Welt** ▪ Entwicklung der **Kompetenzen zum Steuern von Schnittstellen und Projekten** ▪ Erlangung bzw. Ausbau der **Kenntnisse im digitalen Change-Management** zur Umsetzung des Neuen
3. Entwicklungsthemen für Geschäftsfelder/ Funktionen/ Regionen …	▪ **Kompetenzsteigerung in digitalen Sachthemen** von Geschäftsfeldern, Funktionen, Regionen … ▪ Steigerung **„handwerklicher" Fähigkeiten durch die Digitalisierung** ▪ Nutzung digitaler Inhalte zur **Steigerung der Wettbewerbsfähigkeit** (Markt, Produktivität) ▪ Entwicklung der organisatorischen **Kompetenzen zum Überwinden von strukturellen „Silos"**
4. Entwicklungsthemen für neue Mitarbeiter/ Auszubildende	▪ Rasche Aufstellung einer **Ausbildungs-/Entwicklungsagenda anhand der digitalen Kompetenzen** ▪ **Einführung und Einsatz entlang digitaler Zukunftsthemen** (Vermeidung der „Alten Welt") ▪ Beschleunigung der **Wirksamkeit über Nutzung der neuen Systeme, Prozesse und Projekte** ▪ **Gezielter Einsatz** in (ersten) digitalen Projekten bzw. Umsetzungsthemen
5. Entwicklungsthemen für die Eigentümer/ Unternehmensaufsicht	▪ Entwicklung der **Kompetenzen zur Digitalisierung generell und bzgl. des Unternehmens** ▪ **Grundverständnis für digitale Schlüsselthemen** bzw. Systeme, Prozesse und Projekte im Unternehmen ▪ Steigerung der **Fähigkeiten zur Nutzung der Digitalisierung und Überwindung der „Alten Welt"** ▪ **Kompetenzsteigerung zur Aufnahme neuer Zukunftsthemen** außerhalb des aktuellen Geschäfts

6. Digitalisierungs-Personalentwicklungsagenda: Werkzeug und Beispiel (Pharma)

	Zielgruppe	Entwicklungsschwerpunkte	Meilenstein/Abschluss	Verantw.
1.	Entwicklungsthemen für alle Mitarbeiter	1.1 Teilnahme am Digitalisierungscamp: Grundlagen Digitalisierung, Digitale Agenda des Unternehmens, digitale Schlüsselprojekte, Nutzen der Digitalisierung	30.06.	PE/Röder
		1.2 Erarbeitung und Umsetzung von individuellen Digitalisierungsentwicklungsplänen für die Fachebenen L2–L5	31.12.	jede Führungskraft
		1.3 Ausbildungsprogramm für digitales Projektmanagement (für alle Projektleiter bzw. PL-Stellvertreter)	31.03.	PE/Kurt
2.	Entwicklungsthemen für Führungskräfte	2.1 Teilnahme am Führungskräfteentwicklungsprogramm „Digitales Management“: Change-Management, Mitarbeiterführung, Kommunikation, Projektmanagement	30.06.	Grohl
		2.2 Erarbeitung und Umsetzung von individuellen Digitalisierungsentwicklungsplänen für alle Führungsebenen	31.12.	jede Führungskraft
		2.3 Speziell für Führungskräfte als „Change-Mentoren“: Kurzausbildungsprogramm im Mentoring	31.03.	Novoselic
3.	Entwicklungsthemen für Geschäftsfelder/ Funktionen/ Regionen …	3.1 Pro SGF: Entwicklung und Umsetzung von spezifischen Digitalisierungsprogrammen	31.12.	SGF-Leiter
		3.2 Pro Funktion: Entwicklung und Umsetzung von Schnittstellen-Vereinbarungen inkl. entsprechender Kompetenz-Themen (v. a. unter Einbezug der digitalen Unternehmensprojekte)	30.04.	…
		3.3 …	…	
4.	…	4.1 …		

6. Persönliche Digitalisierungsagenda: Werkzeug und Beispiel (Vertriebsleiter)

	Kompetenzfeld	Entwicklungsschwerpunkte	Meilenstein/Abschluss	Unterstützung
1.	Managementkompetenz	1.1 Teilnahme am Führungskräfte-Entwicklungsprogramm „Digitales Management“: Change-Management, Mitarbeiterführung, Kommunikation, Projektmanagement	24./25.02., 07./08.05.	Grohl
		1.2 Halbjährliches Entwicklungsgespräch mit Vertriebs-GF und Vorsitzendem GF	30.05., 24.11.	–
		1.3 …		
2.	Selbstmanagement und Arbeitsmethodik	2.1 Vertiefung des Themas „Verbesserung Selbstmanagement und Arbeitsmethodik“ durch Digitalisierung (v. a. Kommunikations-, Ablage-, Aktualisierungsprozesse)	30.06.	–
		2.2 Kompetenzsteigerung und mehr Konsequenz in der Delegation: bessere Nutzung digitaler Medien bei der Delegation (Wiedervorlagen, Auftragssteuerung …)	31.12.	Höfner, Lehner
		2.3 …		
3.	Fachthemen	3.1 Teilnahme an den Schulungsprogrammen „AMID-Pro“, „LeanLab 3.0“	31.12.	PE/Technik
		3.2 Teilnahme am IHK-Kongress „Industrie 4.0/Marketing & Sales“	03./04.09.	–
		3.3 …		
4.	Life-Balance	4.1 Produktivitätssteigerung durch digitale Prozesse: max. 50 Wochenstunden in 90 % aller Arbeitswochen	31.12.	Höfner
		4.2 Umsetzung „digitales Büro“	31.03.	Lutz
		4.3 …		

EINE RASCHE UMSETZUNG SICHERSTELLEN

Navigator

1. Mit der DSC Digital Scorecard die Umsetzung vorbereiten
2. Durch agiles Projektvorgehen die Umsetzung beschleunigen
3. Die Digitalisierung mit Schlüsselaufträgen und Zielvereinbarungen umsetzen
4. Mit dem Digitalisierungsradar Chancen und Risiken erkennen
5. Ein konsequentes Umsetzungscontrolling für die Digitalisierung sicherstellen
6. Mit dem Digitalisierungsbericht echte Resultate ausweisen

1. Mit der DSC Digital Scorecard die Umsetzung vorbereiten

Definition und Ziele im Rahmen der Digitalisierung

Die DSC Digital Scorecard ist die Anwendung der klassischen BSC Balanced Scorecard auf die Digitalisierung. Es geht darum, strategische Ziele zu operationalisieren und umsetzbar zu machen. Die einzelnen digitalen Scorecards sind: Digitale Kunden und Märkte, Digitale Prozesse und Kosten, Digitales Lernen und Entwicklung, Cash und Profitabilität aus der Digitalen Welt.

Nutzen für das Unternehmen

- Konsequente **Präzisierung von digitalen Vorhaben**
- **Verwendung als Navigationswerkzeug** für Zielentwicklung und Umsetzung
- **Kompakte Zusammenfassung** der Ziele und Maßnahmen
- Verwendung als **Kommunikationswerkzeug für die Digitalisierung**
- Flexible und anpassbare **Skalierbarkeit**

Digitale Schlüsselbegriffe und Synonyme

Balanced Scorecard, BSC, digitaler BSC, Digitales Management-Cockpit, Digitales Strategie-Cockpit, DSC Digital Scorecard, Scorecard, Strategie-Cockpit, Umsetzungscockpit

Anwendung und Umsetzung

- Listung und ggf. weitere Konkretisierung der **digitalen Ziele in Form der DSC**
- Übersetzung der Ziele in **Kennzahl, Treiber und Zielwert**
- Entwicklung (soferne noch nicht vorhanden) bzw. Zuordnung von **Umsetzungsmaßnahmen**
- Verknüpfung der DSC mit den **Zielvereinbarungen**
- Integration der DSC in das **strategische- bzw. Umsetzungscontrolling**

Literatur

Horvath, P./Michel, U. (Hrsg.): *Digital Controlling and Simple Finance*, Stuttgart 2016.
Kaplan, R./Norton, D.: *Putting the Balanced Scorecard to Work*, in: Harvard Business Review, 09/2013.

1. DSC Digital Scorecard: Modell und Kernthemen

DSC Digital Scorecard	Kernthemen für die Digitalisierung aus den DSCs
1. Digitale Kunden und Märkte	▪ Steigerung des **absoluten und relativen Marktanteils** in den digitalen Geschäftsfeldern ▪ Ausbau von **Umsatz bzw. Absatz** durch digitale Lösungen (Produkte bzw. Dienstleistungen) ▪ Verbesserung von **Kundennutzen und -zufriedenheit** durch digitale Lösungen ▪ Erleichterung von **Kundendurchdringung und -bindung** als Folge der Digitalisierung ▪ Erhöhung des **Akquisitionserfolgs** durch digitale Lösungen bzw. digitale Methoden ▪ Steigerung der **Innovationsrate** durch digitale Lösungen
2. Digitale Prozesse und Kosten	▪ Optimierung der **Investment-Intensität** durch digitale Prozesse ▪ Erhöhung der **Produktivitäten des Kapitals und der Mitarbeiter** durch Digitalisierung ▪ Verbesserung der **relativen Kostenpositionen** durch digitale Prozesse ▪ Ausbau von **relativen Prozess- und Qualitätsgrößen** mit der Digitalisierung ▪ Beschleunigung der „**systematischen Müllabfuhr**" durch digitale Prozesse ▪ Erleichterung der **kontinulierlichen Verbesserung** mit digitalen Lösungen und Verfahren
3. Digitales Lernen und Entwicklung	▪ Erhöhung der **Attraktivität für gute Leute** durch die Digitalisierung des Unternehmens ▪ Verbesserung der **Wirksamkeit von Personalentwicklung** durch digitale Verfahren und Methoden ▪ **Senkung der Fluktuation** von guten Leuten durch eine digitale Zukunftsperspektive ▪ Ausbau der **individuellen und organisatorischen Stärken** durch die Digitalisierung ▪ Positive **Impulse auf die Unternehmenskultur** durch Digitalisierung ▪ Entwicklung des Unternehmens in eine **lernende Organisation** durch digitale Methoden
4. Cash und Profitabilität aus der Digitalen Welt	▪ Verbesserung der **Liquiditätssituation** durch digitalen Markterfolg bzw. Prozesse ▪ Erhöhung der **Profitabilität** durch das digitale Geschäftsmodell ▪ Steigerung von **ROI/ROCE** durch die Digitalisierung ▪ Verbesserung des **Eigenfinanzierungsgrades** ▪ Steigerung der **finanziellen Unabhängigkeit** in der digitalen Welt ▪ Erhöhung der **unternehmerischen Freiheit und Beweglichkeit**

1. DSC Digital Scorecard: Werkzeug und Beispiel (Industrie 4.0)

DSC und Ziele	Kennzahl	Treiber und Zielwert	DSC-Maßnahme	Termin	Verantw.
DSC 1: Digitale Kunden und Märkte					
1.1 Forcierung „intelligente Sicherheitssysteme“	▪ Steigerung Umsatz und Marktanteil im SGF „Safety“ ▪ Kundenbindung	▪ Steigerung Marktanteil von 20 auf 23 % mit intelligenten Produkten (Vertriebsoffensive)	1.1.1 Vertriebsprogramm „intelligente Sicherheitssysteme“ mit Steigerung des MA um 5–10 %	31.12.	Balters
1.2 Einbindung des Kunden in Entwicklung	▪ Steigerung Anteil kundengetriebener Entwicklungsprojekte ▪ Kundenbindung ▪ Senkung rel. F&E-Kosten	▪ Steigerung der kundengetriebenen Entwicklungsprojekte auf 20 % ▪ Senkung Explorationskosten um 30 %	1.2.1 Anstoßen von 4–6 kundengetriebener Entwicklungsprojekte (inkl. Referenzen und erfolgreicher Entwicklungsgates 1–3)	31.12.	Verhoff
			1.2.2 Kostensenkung im Explorationsprozess: 30 %	30.09.	…
1.3 …	…				
DSC 2: Digitale Prozesse und Kosten					
2.1 Einführung präventive Maintenance	▪ Automatisierte Auftragsquote ▪ Produktivitätssteigerung Instandhaltung	▪ 15 % Steigerung automatisierte Maintenance-Aufträge ▪ Senkung Maintenance-Quote im Investment um 2 %	2.1.1 Einführung automatisierter Instandhaltungsprozesse in allen Werken	31.12.	Lammert
			2.1.2 Einführung digitalisierter Diagnose und Auftragsleitstand in der Instandhaltung	30.06.	…
2.2 …	…				

1. DSC Digital Scorecard: Werkzeug und Beispiel (Industrie 4.0)

DSC und Ziele	Kennzahl	Treiber und Zielwert	DSC-Maßnahme	Termin	Verantw.
DSC 3: Digitales Lernen und Entwicklung					
3.1 Entwicklung eines „Best-Practice-Programms“ auf Meisterebene	▪ Große Beteiligung auf Meisterebene ▪ Hoher Prozentsatz umsetzbarer Themen ▪ Hohe Umsetzungsquote	▪ 80 % Beteiligungsquote bei Meistern ▪ 60–70 % umsetzbare Maßnahmen ▪ 50 % Umsetzungsquote im 1. Jahr	3.1.1 Durchführung „Best-Practice“ Forum inkl. Change-Begleitung	31.03.	Ritzer
			3.1.2 Entwicklung von Maßnahmen bzgl. horizontale Integration, Traceability, Sensorik, mobile Assistenzsysteme …	30.04.	Salic
3.2 Etablierung agiler Zukunftswerkstätten	▪ Zahl professionell geführter Werkstätten ▪ Positive Feedbacks	▪ 80 % fokussierte Werkstätten (max. 2h) ▪ 80 % Zufriedenheitsquote	3.2.1 Einführung von zweimonatlichen agilen Zukunftswerkstätten: digitaler KVP, Kulturentwicklung …	…	
3.3 …	…				
DSC 4: Cash und Profitabilität aus der digitalen Welt					
4.1 Verbesserung Umsatzrendite in Kerngeschäften	▪ Verbesserung Umsatzrendite ▪ Senkung Einkaufskosten	▪ Steigerung Umsatzrendite von 15 % auf 18 % ▪ Senkung Einkaufskosten um 1 % p. a.	4.1.1 Montoring und Umsetzungs-Ctrl. der digitalen Produktivitätsmaßnahmen	mtl.	Defner
			4.1.2 Start Projekt „Digitalisierung im Einkauf“	…	
4.2. …	…				

2. Durch agiles Projektvorgehen die Umsetzung beschleunigen

Definition und Ziele im Rahmen der Digitalisierung

Digitalisierung bedeutet die Nutzung von Vernetzung und die Verbesserung von Kundennutzen bzw. Produktivität. Mit „agilen" Verfahren werden starre, lineare und hierarchische Vorgehensweisen überwunden, damit die Potenziale der Digitalisierung gehoben werden können. Digitales Projektvorgehen verbindet diese Agilität mit der Projektmethodik.

Digitale Schlüsselbegriffe und Synonyme

Agiles Projektmanagement, Agile Projektmethodik, Agiles Projektvorgehen, Digitaler Projektauftrag, Digitales Projektmanagement, Digitale Projektmethodik, Digitales Projektvorgehen, Projektauftrag, Projektmethodik, Projektplan

Nutzen für das Unternehmen

- Agiles Projektmanagement als **„Turbo" für die Umsetzung**
- Nutzung der Digitalisierung für die **Weiterentwicklung der Umsetzungsfähigkeit**
- Richtiges **Einsteuern von Digitalisierungsprojekten**
- Anwendung von **flexiblen und resultatorientierten Planungs- bzw. Umsetzungsmethoden**
- Beitrag für eine **digitale Unternehmenskultur**: Vernetzung, Umsetzungsstärke, Flexibilität, Eigenverantwortung …

Anwendung und Umsetzung

- Darstellung der **projektrelevanten Eckpunkte der neuen, digitalen Welt und der Projekt-Resultate**
- Ableitung der agilen **Projektführung und -organisation**
- Sicherstellung einer **schnellen, unkomplizierten und vernetzten Vorgehensweise**
- Konkretisierung von **Arbeitspaketen, Meilensteinen und Ressourcen**
- Nutzung für **Kommunikation, Reporting und Umsetzungscontrolling**

Literatur

Andler, N.: *Tools für Projektmanagement, Workshops und Consulting*, Erlangen 2015.
Novotny, V.: *Agile Unternehmen: fokussiert, schnell, flexibel*, Göttingen 2016.

2. Agiles Projektvorgehen: Modell und Kernthemen

1. Transformation und Anpassungsfähigkeit	▪ **Klares Bild der Transformation** von der „Alten Welt" zur „Neuen Welt" ▪ Fähigkeit zur **raschen Reaktion auf Veränderungen** im Umfeld bzw. in der Organisation ▪ **Anpassungsfähigkeit** auf neue bzw. unerwartete Situationen ▪ Fokus auf echte **Veränderungen, Spürbarkeit und Nutzen**
2. Organisation und Vernetzung	▪ **Kunden- bzw. geschäftsorientierte Strukturen**, d. h. eine „atmende Organisation" ▪ Digitale, intuitive, schnelle, **vernetzte Prozesse** ▪ **Vermeidung von starren, bürokratischen bzw. innenbezogenen Strukturen** und Berichtswegen ▪ **Durchlässigkeit** der Hierarchien
3. Umsetzung und Resultate	▪ **Kurze Planungs- und Umsetzungszyklen** zur Sicherstellung von Beweglichkeit ▪ **Iteratives Vorgehen** zur Vermeidung von Starrheit ▪ **Interdisziplinäre, crossfunktionale Teams** zur Überwindung hierarchischer Silos ▪ **Hoher Leistungs- und Resultatsbezug** bzw. -druck
4. Führung und Entscheidungen	▪ **Professionalität bei Führungsaufgaben**, d. h. Vermeidung von operativer Tageshektik ▪ **Klare und rasche Entscheidungen** durch das Management ▪ **Vermeidung von langatmigen Sitzungen**, Berichten und Abstimmungsrunden ▪ Nutzung **schneller Kommunikationsforen** (elektronisch bzw. physisch)
5. Mitarbeiter und Selbststeuerung	▪ Schaffen von möglichst vielen **Freiräumen und Verantwortung für Mitarbeiter** ▪ Hoher Grad an **Selbstorganisation** ▪ **Selbstmotivation** über Veränderung und spürbare Ergebnisse ▪ **Professionelle Arbeitsmethodik** und methodische Kompetenzen
6. Systeme und Data	▪ Reifegrad der Systeme bzw. IT bzgl. rascher **Informationsverarbeitung** ▪ **Vernetzung der Systeme** mit Produkten, Dienstleistungen, Geschäftspartnern ▪ Verknüpfung der Datenwelt mit den **Führungs- und Geschäftsprozessen** ▪ **„Schnelle", fokussierte Dokumente**, d. h. Entscheidungs- und Umsetzungsorientierung
7. Feedback und Kommunikation	▪ Verfügbarkeit eines **„Radars" zum Umfeld** (Märkte, Gesellschaft, Technologie, Recht …) ▪ **Früher Einbezug** von Mitarbeitern, Kunden und Geschäftspartnern ▪ Funktionierende **Informations- und Feedbackkanäle** ▪ Aufrechthalten einer **veränderungs- und ergebnisbezogenen Kommunikation**

2. Agiler Projektauftrag: Werkzeug und Beispiel (Online-Shop)

Projekt	Aufschaltung und Markterfolg des Online-Shops „i-Shop 1.0“	
1. Eckpunkte der neuen, digitalenWelt	▪ Transformation des online-Marktanteils auf ca. 40 % in den nächsten vier Jahren ▪ Umstellung der B2B- und B2C-Märkte auf das Online-Geschäft ▪ Steigender Preis- bzw. Margendruck in den „analogen“ Geschäftsmodellen ▪ Kulturwandel der Branche in Richtung digital/online	
2. Projekt-Resultate	▪ Entwicklung und Umsetzung des Online-Shops „i-Shop 1.0“ ▪ 10 % Umsatzanteil im ersten Jahr steigend auf 35 % innerhalb 3 Jahre ▪ Aufbau einer flexiblen Supply-Chain für den Shop ▪ Beitrag zu einer digitalen Unternehmenskultur (Tempo, Vernetzung, Resultate)	
3. Projekt-Führung	3.1 Projekt-Master	B. Vollmer
	3.2 Projekt-Mentor im Vorstand	M. Richter
	3.3 Projekt-Stakeholder	B2B-Kunden, B2C-Kunden, Lieferanten, Management, definierte Schnittstellen-Prozesse
	3.4 Wöchentl. Projekt-Scrum	Freitag, 13.30–14.00
	3.5 Projekt-Forum	06.03., 05.06., 04.09., 04.12. (jeweils 08.00–12.00)
4. Projekt-Organisation	4.1 Projekt-Team bzw. Schnitt-stellen	▪ Intern: Behrens (Vertrieb), Doll (IT), Illstädt (Logistik), Mayr (Einkauf), Utz (Ctrl.) ▪ Extern: Kundenforum (def. Pilotkunden), Lieferantenforum (def. Pilotlieferanten)
	4.2 Tägl. Projekt-Scrums	Täglich 13.00–13.15
	4.3 Tägl. Projekt-Sprints	Tägl. 08.00–12.00/NM je nach Freistellung bzw. Projektphase
	4.4 Arbeitsprinzipien	▪ Überschaubare Arbeitspakete bzw. Schlüsselmaßnahmen ▪ Deutlich reduzierter Meeting-, Reporting-, Dokumentationsaufwand ▪ Hohe Feedbackquote intern (Schnittstellen) und extern (Testkunden, Partner)

2. Agiler Projektauftrag: Werkzeug und Beispiel (Online-Shop)

Projekt	Aufschaltung und Markterfolg des Online-Shops „i-Shop 1.0“	
5. Arbeitspakete und Meilensteine	5.1 Design des Online-Shop-Geschäftsmodells inkl. aller Konsequenzen für die Prozesse bzw. für die Führung	28.02.
	5.2 Schaffung der Voraussetzungen bzgl. Systemtechnik, Warenwirtschaft und Supply-Chain in allen betroffenen Prozessen und in allen Schnittstellen	31.03.
	5.3 Umsetzung des Online-Shops in den Prozessen und Systemen (gem. detaillierter Projektaufträge)	31.05.
	5.4 Durchführung erster Pilottests mit Pilotkunden und -lieferanten (gem. separater Pilotpläne)	30.06.
	5.5 Review und Roll-out des Geschäftsmodells auf alle Geschäftsfelder bzw. Kundengruppen (laufender Einbau in die Reviews)	30.09.
	5.6 Finaler Einbau des Online-Geschäfts in allen Planungstools und Führungsprozessen (v. a. Strategieentwicklung, Prozessaufträge, Zielprozesse, Ausbildung)	30.09.
6. Ressourcen	6.1 Interne Personalkosten (Alternativkosten) inkl. Personalentwicklungsaufwand (Trainings, Coaching)	540.000 Euro (einmalig)
	6.2 Externer Aufwand für Pilotkunden und Pilotlieferanten	50.000 Euro (einmalig)
	6.3 Externer Beratungsaufwand (Fa. Soft 4.0)	150.000 Euro (einmalig)
	6.4 Infrastrukturkosten	60.000 Euro (einmalig) 70.000 Euro (p. a.)
	Gesamtaufwand	800.000 Euro (einmalig) 70.000 Euro (p. a.)

3. Die Digitalisierung mit Schlüsselaufträgen und Zielvereinbarungen umsetzen

Definition und Ziele im Rahmen der Digitalisierung

Mit Schlüsselaufträgen und Zielvereinbarungen werden Gesamtdigitalisierungsziele zu konkreten Verantwortlichkeiten von einzelnen Personen. Damit verbunden sind Delegation, Selbststeuerung, Reporting, Leistungsbeurteilung und Personalentwicklung.

Nutzen für das Unternehmen

- **Voraussetzung für Resultate** aus der Digitalisierung
- Sicherstellung des **gemeinsamen Verständnisses der Umsetzungsthemen**
- Forcierung von **Eigenverantwortung und Selbststeuerungsfähigkeit**
- **Komprimierte Darstellung** der Resultate und Verantwortlichkeiten
- **Breite Einsetzbarkeit** für praktisch alle digitalisierungsrelevanten Themen

Digitale Schlüsselbegriffe und Synonyme

Assignment, Digitaler Schlüsselauftrag, Digitale Zielvereinbarung, Führen mit Zielen, Jahresziele, Leistungsbeurteilung, MbO, Schlüsselauftrag, Umsetzungsauftrag, Zielvereinbarung

Anwendung und Umsetzung

- Ableitung von **unterjährigen Schlüsselaufträgen** aus Digitalisierungsstrategien oder -Projekten
- Entwicklung einer **Jahres-Zielvereinbarung** im Rahmen der Digitalisierung
- **Präzisierung von Digitalisierungsthemen** im Sinn von konkreten Ergebnissen
- Klarheit bzgl. **Resultat, Verantwortung, Reporting**
- Nutzung für **Kommunikation und Umsetzungscontrolling**

Literatur

Müller, R.: *Systematische Mitarbeiterbeurteilungen und Zielvereinbarungen*, Zürich 2013.
Scherber, S./Lang, M. (Hrsg.): *Agile Führung: Vom agilen Projekt zum agilen Unternehmen*, Düsseldorf 2015.

3. Schlüsselaufträge und Zielvereinbarungen: Modell und Kernthemen

1. Zieldefinition	▪ Präzise, **unternehmerische und resultatorientierte Zielformulierung** ▪ Ableitung aus bzw. **Bezug zur übergeordneten Digitalisierungsstrategie** bzw. initiative ▪ Klare **Verantwortlichkeit für eine Person** (Vermeidung von Kollektiven)
2. Umsetzung	▪ Sicherstellung der notwendigen **Umsetzungsvoraussetzungen** (Ressourcen …) ▪ Förderung von **Selbstorganisation und Selbstmotivation** ▪ Klare **Priorisierung** und „Abschneiden von Rückzugsmöglichkeiten“
3. Monitoring	▪ Sicherstellung regelmäßiger „**Standortbestimmung**“ zwischen Mitarbeiter und Vorgesetztem ▪ **Schlankes Reporting** über Resultate ▪ Laufende persönliche Vergewisserung über das „**Funktionieren der Maßnahmen**“
4. Leistungsbeurteilung	▪ **Messbarkeit bzw. Beurteilbarkeit** der Ergebnisse ▪ Einbau der **Ergebnisse in die Leistungsbeurteilung** ▪ Sicherstellung der **Verbindung zwischen Resultaten, Leistungsbeurteilung und Personalentwicklung**
5. Personalentwicklung	▪ **Ableitung von Personalentwicklungsmaßnahmen** aus den Zielen bzw. der Leistungsbeurteilung ▪ Berücksichtigung der **längerfristigen Unternehmensentwicklung bzw. individuellen Karriereplanung** ▪ Personalentwicklung als **Kernaufgabe jeder verantwortlichen Führungskraft**
6. 360-Grad-Perspektive	▪ Kompetente **Führung des Chefs bzw. der Kollegen** ▪ Konsequente **Nutzung des Delegationspotenzials** ▪ Sicherstellung von **Kompetenz bzw. (Selbst-) Führung und Arbeitsmethodik**

3. Digitalisierungsschlüsselauftrag: Werkzeug und Beispiel (Industrie 4.0)

A. Digitalisierungsschlüsselauftrag			
Digitalisierungsziel	Der Vertrieb wird im Rahmen des Unternehmensdigitalisierungsprojektes auf die Prozesslandschaft „Industrie 4.0“ umgestellt. Bei konstanten Vertriebskosten werden der Angebotsbestand um 15 % und der Auftragseingang um 5–10 % erhöht. Sämtliche Kundenschnittstellen sind digital erfasst und mit internen Schnittstellen abgeglichen.		
Umsetzungsverantw.	F. Krentzer		
Auftraggeber	B. Pawlowski		
Datum	08.02.		
Reporting	Wöchentlicher kurzer Resultatsbericht an GF Vertrieb, monatlicher Resultatsbericht an GF (Kopie: Schnittstellen)		
Abschluss/Umsetzung	30.06. (Wirkung bzgl. Auftragseingang: 31.12.)		
B. Umsetzungsfelder	Digitalisierungsmaßnahme	Resultat bis	Schnittstelle mit
1. Adaption Vertriebsprozesse	1.1 Finale Prozess-Umgestaltung Vertriebsprozesse auf die Prozesslandschaft „Industrie 4.0“ des Unternehmens	28.02.	Einkauf, IE, IT, Ctrl.
	1.2 Wirkamkeit und Roll-out der neuen Industrie 4.0 Vertriebsprozesslandkarte	30.04.	IE, Ctrl.
2. Personal-Entwicklung	2.1 Erarbeitung eines Personalentwicklungskonzepts zur Umstellung der Vertriebsprozesse auf Industrie 4.0	28.02.	…
	2.2 Umsetzung des Personalentwicklungskonzeptes	…	
3. …	…		
C. Unterschriften			

Unterschrift Auftraggeber — Unterschrift Umsetzungsverantwortlicher

3. Digitalisierungszielvereinbarung: Werkzeug und Beispiel (IT-Mitarbeiter)

A. Digitalisierungsjahreszielvereinbarung			
Mitarbeiter/Vorgesetzter	H. Götz/P. Lainhard		
Zielvereinbarung vom	12.01.		
Reporting/Abschluss	Zwischengespräche: monatlicher Jour fixe/Jahresbeurteilung: 21.12.		
B. Zielfeld	Ziele	Resultat bis	Schnittstelle mit
1. Wirksamer Customer-Response	1.1 Einführung Customer-Response-Prozesse mit funktionierenden Data-Features	31.10.	Vertrieb, Ctrl.
2. Umstellung ERP-System	2.1 Termin- und leistungsgerechte Umstellung der ERP-Systeme in den Landesgesellschaften	30.09.	Regional-GF, Vertrieb, Ctrl.
	2.2 Umstellung aller Tools und Verbindung mit Reporting-Prozessen	31.12.	Reporting-Prozesse
3. Entwicklungslösung „digitaler Zwilling“	3.1 Konzeption einer Lösung für das Service-/After-Sales-Modell „digitaler Zwilling“	30.06.	Entwicklung, Service
	3.2 Umsetzung der IT-technischen Voraussetzungen für den Roll-out	31.12.	Service
4. ...	...		
C. Personalentwicklungsthemen			
1. Verbesserung der Social Skills: Präsentation, Moderation, Teamentwicklung 2. Verbesserung Work-Life-Balance: Arbeitsmethodik, Workload, Delegation, Umgang mit Werkzeugen/Methodenkompetenz			
D. Unterschriften			
Unterschrift Vorgesetzter		Unterschrift Mitarbeiter	

4. Mit dem Digitalisierungsradar Chancen und Risiken erkennen

Definition und Ziele im Rahmen der Digitalisierung

Die raschen Änderungen im Umfeld, in den Märkten, Technologien usw. machen es erforderlich, einen „Sensor" für externe und interne Digitalisierungstreiber zu entwickeln. Dieses Digitalisierungsradar nimmt in regelmäßigen Zeitabständen Impulse und Informationen auf, die außerhalb und innerhalb des Unternehmens entstehen und für die Digitalisierung Relevanz haben.

Digitale Schlüsselbegriffe und Synonyme

Digitalisierungsradar, Digitales Risiko-Management, Risiko-Audit, Risiko-Management, Risiko-Monitoring, Risiko-Radar, Umfeld-Monitoring, Umfeld-Radar

Nutzen für das Unternehmen

- **Strukturierte Auseinandersetzung** mit Chancen und Gefahren der Digitalisierung
- Einnehmen einer **gemeinsamen Position bzgl. der Chancen und Risiken**
- Klarheit über **Treiber bzw. Hindernisse der Digitalisierung**
- **Vermeidung reiner Tagesgeschäftsfokussierung** und Verzettelung in operativen Themen
- Kernelement im **Risikomanagement und strategischen- bzw. Umsetzungscontrolling**

Anwendung und Umsetzung

- Gemeinsame Verständigung auf die **Kernthemen im Digitalisierungsradar**
- Ausarbeitung der **Beurteilung bzw. Schlussfolgerungen** bzgl. des jeweiligen Themas
- Entwicklung von **Maßnahmen zur Nutzung von Chancen bzw. Vermeidung von Risiken**
- **Regelmäßige Durchführung** des Radars
- **Verbindung mit der Digitalisierungsstrategie** und den Planungs- bzw. Führungsprozessen

Literatur

Kreutzer, R./Neugebauer, T./Pattloch, A.: *Digital Business Leadership*, Wiesbaden 2016.

Vanini, U.: *Risikomanagement: Grundlagen – Instrumente – Unternehmenspraxis*, Stuttgart 2015.

4. Digitalisierungsradar: Modell und Kernthemen

1. Umfeld	▪ Veränderung des **gesellschaftlichen, politischen und rechtlichen Umfelds** ▪ Auswirkung der Digitalisierung für die **Volkswirtschaft und Demographie** ▪ Entwicklungen in **Technik, Informationswissenschaften, Kybernetik**
2. Markt	▪ Veränderung der **Spielregeln im Geschäft durch Digitalisierung** (Qualität, Preis …) ▪ **Digitalisierungsimpulse** durch Kunden, Wettbewerber, Lieferanten … ▪ **Veränderung des Wettbewerbs** durch Digitalisierung (direkte- bzw. System-Konkurrenz)
3. Kundennutzen	▪ **Digitalisierungspotenziale für Marktleistungen** – Produkte, Dienstleistungen, Geschäftsmodelle ▪ **Steigerung des Kundennutzens** durch Digitalisierung ▪ **Substitutionswirkung** durch Digitalisierung (aktiv bzw. passiv)
4. Geschäftsmodell	▪ **Veränderung der Wertschöpfung** durch digitale Ansätze ▪ **Weiterentwicklung des Geschäftsmodells** in die digitale Welt ▪ Treiber für **In-/Outsourcing, für Kooperationen, Allianzen, M&A**
5. Kompetenzen	▪ **Veränderungen in den qualitativen und quantitativen Anforderungen** an Mitarbeiter und Führungskräfte ▪ An der Digitalisierung ausgerichtete **Personalentwicklung** (Ausbildung, Einsatz …) ▪ Digitalisierungskonforme **Führungskräfteentwicklung** (methodische Kompetenzen …)
6. Produktivität	▪ Digitalisierungspotenziale für **Produktivität und Kosten** ▪ Konsequenzen für **Standardisierung bzw. Automatisierung** der Geschäfts- und Führungsprozesse ▪ Digitalisierung als Anlass zur **Aufgabe von Altem, Überkommenem …**

4. Digitalisierungsradar: Modell und Kernthemen

7. Organisation	▪ **Beschleunigung, Vernetzung und Vereinfachung** der Prozesse durch Digitalisierung ▪ **Überwindung hierarchischer, starrer Strukturen** durch die Digitalisierung ▪ An die digitale Welt **angepasste AKV** (Aufgaben, Kompetenzen, Verantwortlichkeiten)
8. Data	▪ Funktionierende **Input- und Verarbeitungskanäle** für Daten in den Systemen und in der IT ▪ **Transformation von Daten** in Informations- und Kommunikationskanäle bzw. Prozesse ▪ **Klarheit über Datensicherheit** (Zugriffe, Manipulation …)
9. Kultur	▪ **Veränderungsfähigkeit und Resultatorientierung** als Teil der Unternehmenskultur ▪ Verankerung von **Selbststeuerung, Selbstorganisation und Eigenverantwortung** ▪ Nutzung **schneller, unkomplizierter und vernetzter Formate** für Besprechungen, Dokumentation …
10. Umsetzung	▪ Kurze und iterative **Entscheidungs-, Planungs- und Umsetzungszyklen** ▪ Nutzung von **interdisziplinären und crossfunktionalen Teams** (innerhalb und außerhalb des Unternehmens) ▪ Erforderliche **Priorisierung von Themen, Ressourcen und Echtzeit-Status der Umsetzung**
11. Image	▪ **Aufladung der Unternehmensmarke** mit Digitalisierungs- und Zukunftsthemen ▪ Verbesserung der **Positionierung auf den Arbeitsmärkten** durch digitale Profilierung ▪ Vermittlung der **Chancen durch Digitalisierung**
12. Finanzen	▪ Einfluss der Digitalisierung auf **Liquidität und Profitabilität** ▪ Entwicklung von **Zahlungsbereitschaft und Zahlungsverpflichtungen** bei allen Marktteilnehmern ▪ Entwicklung der finanziellen **Stabilität, des Eigenfinanzierungs- und Verschuldungsgrades**

4. Digitalisierungsradar: Werkzeug und Beispiel (Maschinenbau)

Radar-Kernthema	Beurteilung bzw. Schlussfolgerungen	Digitalisierungsmaßnahme	Termin	Verantw.
1. Umfeld	▪ Stabiles gesellschaftlich, politisch-rechtliches Umfeld bzgl. Digitalisierung ▪ Steigender Engpass bei qualifiziertem Personal ▪ Massiver Fortschritt in der Automatisierungs- und RFID-Technologie	1.1 Halbjährlicher Kurzbericht bzgl.: Entwicklung Arbeitsmärkte, Personalbedarf, Rekrutierung, Fluktuation, Enpässe in den Funktionen	31.12.	Arzberger
		1.2 Umsetzung Projekt „Produkt-Intelligenz“ mit RFID-Kooperationspartner	30.09.	Zelger
2. Markt	▪ Differenzierung des Marktes in Premium und Commodity mit unterschiedlichen Digitalisierungsanforderungen ▪ Einstieg von Elektronik-Anbietern ins Geschäft ▪ Halbierung der Produkt-Entwicklungszyklen	2.1 Entwicklung eines Marktradars für Premium und Commodity mit jährlicher Aktualisierung in den Regionen	31.05.	Radic
		2.2 Prüfung: Akquisition eines Elektronik-Anbieters zur Verbesserung der Marktstellung im Premium-Geschäft	30.09.	van Veeren
		2.3 Umstellung der Entwicklung auf Network-Customer-Basis und Verlinkung aller internen und externen Prozesse	…	
3. Kundennutzen	▪ Massive Steigerung von Intelligenz in den Sicherheitsprodukten ▪ …	3.1 …		
4. Geschäftsmodell	…			

5. Ein konsequentes Umsetzungscontrolling für die Digitalisierung sicherstellen

Definition und Ziele im Rahmen der Digitalisierung

Der Erfolg von Digitalisierungsprogrammen ist maßgeblich von einem funktionierenden Umsetzungscontrolling abhängig. Im Zentrum stehen die Steuerung aller Umsetzungsaktivitäten und die Klärung der jeweiligen Beiträge der Akteure bzw. des Reportings.

Nutzen für das Unternehmen

- **Systematische Steuerung der Umsetzung** von Digitalisierungsinitiativen
- Beitrag zu einer **Kultur der Resultate und der Wirksamkeit**
- **Steigerung der Verbindlichkeit und Ernsthaftigkeit** von Programmen, Projekten und „Absichten“
- **Erhöhung der Umsetzungswahrscheinlichkeit** für die Digitalisierung
- Schaffung der Voraussetzungen für **Transparenz und Kommunikation**

Digitale Schlüsselbegriffe und Synonyme

Digitalisierungscontrolling, Resultat-Controlling, Umsetzungscontrolling, Umsetzungsmanagement, Umsetzungsprozess, Umsetzungsreporting, Umsetzungssteuerung

Anwendung und Umsetzung

- Klärung der **Verantwortlichkeiten für die Umsetzung**
- Festlegung der **AKV (Aufgaben, Kompetenzen, Verantwortlichkeiten)**
- Definition von **Reporting und zeitlicher Taktung**
- Verbindung des Umsetzungscontrollings mit entsprechenden **Führungssystemen**
- Klärung der **übergreifenden Kommunikationserfordernisse**

Literatur

Covey, S.: *Umsetzung*, Offenbach 2014.
Hoffmeister, C.: *Digital Business Modelling*, München 2015.

5. Umsetzungscontrolling: Modell und Kernthemen

1. Verantwortlichkeit	▪ **Gesamtverantwortung** für das Unternehmen ▪ **Einzelverantwortung** für Schlüsselthemen (Geschäftsfelder, Projekte, Module …) ▪ **Methoden-Verantwortung** für das Umsetzungscontrolling (Status, Aktualisierung, Überblick …)
2. AKV (Aufgaben, Kompetenzen, Verantwortlichkeiten) der Beteiligten	▪ **Anweisungskompetenz** an Linien- bzw. Projektmitarbeiter und Funktionen ▪ Breite und Tiefe der **Handlungs- bzw. Entscheidungskompetenzen** ▪ **Persönliche Verantwortung** für Ergebnisse
3. Zeitlicher Ablauf	▪ Takt für **Resultatberichte** (umgesetzte Themen, Schlüsselentscheidungen …) ▪ Takt für umfassende **Gesamtreports** (Jahres-, Halbjahres-Berichte, Endbericht …) ▪ Takt für die **Aktualisierung von Dokumenten**
4. Sitzungen und Führungsprozesse	▪ **Spezielle Gremien** zur Abnahme von Resultatberichten (operative- bzw. Aufsichtsgremien) ▪ Einbau von Berichten in bereits **vorhandene Führungsgremien** ▪ Verknüpfung der Umsetzung mit **Jahreszielen, Leistungsbeurteilung und Personalentwicklung**
5. Dokumente und Berichte	▪ **Ablagestruktur** der Digitalisierungskernunterlagen und der Resultatberichte ▪ Verständlichkeit und **Kommunizierbarkeit** ▪ **Adressatenkreis**, Vertraulichkeit, Kompetenzen bzgl. Aktualisierung und Freigabe
6. Systeme	▪ Automatisierungsgrad der **Umsetzungsimpulse und Reminder-Funktion** ▪ Automatisierungsgrad der **Berichterstellung, Aktualisierung und Versendung** ▪ Vernetzung mit vorhandenen **Berichts-Formaten und -Werkzeugen** (automatischer Einbau …)

5. Digitalisierungsumsetzungscontrolling: Werkzeug und Beispiel (Bank)

Digitalisierungsprojekt	D 04–17: Customer-Response		
Resultat-Verantwortliche	**AKV (Aufgaben/Kompetenzen/Verantwortlichkeiten)**	**Bericht**	**Takt**
1. Projekt-Gesamt-Verantwortung: Wallberg	1. Umsetzung und Wirksamkeit der neuen Customer-Response-Lösungen in den Prozessen 2. Anweisungsrecht in Linienfunktionen bzgl. des Themas 3. Resultatbericht an GF und AR 4. Kommunikation an die internen Projektstakeholder 5. Mitglied des Digitalisierungskernteams	1. Resultatbericht zu Händen GF	monatlich
		2. Unternehmensbericht zu Händen AR	halbjahrlich
2. Modul-Verantwortung: Döring, Halovic, Marr, Stelzer, Zarske	1. Umsetzung und Wirksamkeit der jeweiligen Module im Rahmen der Gesamtlösung bzw. des Gesamtprozesses 2. Modulbericht an Projekt-Gesamtverantwortung 3. Kein Anweisungsrecht an die Linie (nur über Linien-Vorgesetzte bzw. Gesamtprojekt-Verantwortlichen) 4. Mitglied des Digitalisierungskernteams	1. Modul-Resultatbericht zu Händen Projekt-Gesamtverantwortung	monatlich
		2. Bericht in Abteilungsmeetings	monatlich
3. Projekt-Assistenz: Hilber	1. Unterstützung der Projekt-Gesamtverantwortung: Projekt- und Prozess-Dokumentation, Sitzungen, Systeme, „Wadelbeißen“ 2. Steuerung des Berichtwesens bzw. des Projekt-Budgets 3. Steuerung der Kommunikationsmaßnahmen	– siehe Berichte unter 1. und 2. –	– siehe Berichte unter 1. und 2. –
4. Unternehmens-Task-Force „Digitalisierung“	1. …	…	

6. Mit dem Digitalisierungsbericht echte Resultate ausweisen

Definition und Ziele im Rahmen der Digitalisierung

Im Digitalisierungsbericht werden umgesetzte Resultate eines Digitalisierungsprogramms dargestellt (Strategie, Innovation, Projekt ...). Neben den realisierten Ergebnissen geht es auch um einen Ausblick auf die nachfolgenden Resultate, notwendige Schlüsselentscheidungen und aufgetauchte neue Themen.

Digitale Schlüsselbegriffe und Synonyme

Digitaler Ergebnisbericht, Digitalisierungsbericht, Ergebnisbericht, Ergebnisreporting, Resultatbericht, Resultatcontrolling, Umsetzungsbericht, Umsetzungsprozess, Umsetzungsreporting

Nutzen für das Unternehmen

- Zusammenfassung und **Ausweis von echten Resultaten**
- **Kernelement im Umsetzungsprozess** und im Umsetzungscontrolling
- Sicherstellung von **Verantwortung für spürbare Ergebnisse**
- Offenes und **transparentes Berichtsformat**
- Unkomplizierte und **„schnelle“ Methodik**

Anwendung und Umsetzung

- Klarheit über den **Anwendungsbereich des Digitalisierungsberichts**
- Ausweis der effektiv **erreichten Resultate**
- Darstellung **geplanter Resultate in der nächsten Berichtsperiode**
- Listung **notwendiger Schlüsselentscheidungen**
- Allfällige Vorschläge zur **Anpassung des Plans bzw. für neue Themen**

Literatur

Hofert, S.: *Agiler führen*, Wiesbaden 2016.

Stöger, R.: *Die Toolbox für Manager*, Stuttgart 2016.

6. Digitalisierungsbericht: Modell und Kernthemen

1. Digitalisierungsresultate im aktuellen Berichtstakt	1. Darstellung des **unternehmerischen Nutzens der Digitalisierung**, d. h. wirksame, spürbare und – wo immer möglich – quantifizierbare Ergebnisse 2. Bezugnahme auf die **ursprüngliche Planung** bzw. expliziter Ausweis von ungeplanten, zusätzlichen, zufälligen Ergebnissen 3. Klare Aussagen und **Verständlichkeit**: Vermeidung von Fremdwörtern, zu vielen Fachbegriffen, Abkürzungen und Anglizismen 4. **Unternehmerische Formulierung**: „…. liegt vor", „… ist wirksam", „… funktioniert", „… ist umgesetzt" etc. 5. **Vermeidung von reinen Tätigkeiten** ohne erreichtes Ergebnis: „prüfen", „analysieren", „erheben", „beginnen", „klären", „koordinieren" etc.
2. Geplante Digitalisierungsresultate im nächsten Berichtstakt	1. Benennung von **geplanten Umsetzungsmaßnahmen** für den nächsten Berichtszeitraum 2. **Vorwegnahme des Ergebnisses** mit der unternehmerischen Formulierung „…. liegt vor", „… ist wirksam", „… funktioniert", „… ist umgesetzt" etc. 3. Darstellung von **Zwischenständen bzw. unvollständigen Zielen** inkl. Ausblick zur vollständigen Umsetzung 4. Ankündigung von ursprünglich **nicht geplanten, zusätzlichen bzw. zufälligen Resultaten** 5. Ggf. **Verweis auf nicht haltbare Termine** inkl. Ausblick auf realistischen Umsetzungstermin (zugleich Schlüsselentscheidung im Sinn der offiziellen Genehmigung)
3. Notwendige Schlüssel-Entscheidungen	1. Darstellung von **Ausgangslage, Problem und Herausforderung** als Basis der Entscheidung 2. Entwicklung eines **(ersten) Vorschlags für die Entscheidung** 3. Nennung der **Verantwortlichen für die Entscheidung** bzw. eines Termins 4. Offizielle **Genehmigung von Veränderungen bei bereits beschlossenen Themen bzw. Maßnahmen** (inhaltlich, terminlich, personell) 5. **Ankündigung eventuell erforderlicher Entscheidungen**, die erst später erforderlich sein können
4. Anpassung des Plans/neue Themen	1. Vorstellung **neuer, ungeplanter, unvermuteter Themen** 2. Raum für **generelle Bemerkungen** bzw. nicht unter 1–4 vorgesehener Themen

6. Digitalisierungsbericht: Werkzeug und Beispiel (Bank)

Digitalisierungsprojekt	D 04: Customer-Response
Digitalisierungsbericht	Modul „M 03. Vertriebsprozesse“
Datum/Verantwortung	29.03./Marr
1. Digitalisierungsresultate im aktuellen Berichtstakt	1. Positive Tests der Response-Module „Private-Banking“ und „Insurance“: Funktionalitäten, Informationstransfer, Störungsbehebung 2. Funktionierende Informationsschnittstelle in die Entwicklungsabteilung (automatisierte Berichte, Feedback bereits gestarteter Neuprodukte) 3. Umsetzung der Datenschutz-Bankaufsicht-Richtlinie (BA-CF 4.0) 4. Vier erfolgreich durchgeführte Schulungstermine im Vertrieb, zwei in der Dienstleistungsentwicklung 5. …
2. Geplante Digitalisierungsresultate im nächsten Berichtstakt	1. Klärung des Datenschutzes für alle Informationspools bzw. Verknüpfungen (verbindliches Gutachten bzw. Stellungnahme Bundesbeauftragter für Datenschutz) 2. Durchführung von weiteren drei Schulungen im Vertrieb und fünf in der Dienstleistungsentwicklung 3. Neukonzeption der Schnittstelle in die Rechnungswesen-Abteilung 4. …
3. Notwendige Schlüssel-Entscheidungen	1. Neuprogrammierung der Schnittstelle in die Rechnungswesen-Abteilung (ca. 30.000 Euro) 2. Forcierte Gesamtschulung in der Dienstleistungsentwicklung (Abschluss bis 30.06. anstatt 30.09.) 3. …
4. Anpassung des Plans/ neue Themen	1. Keine Themen

Zusammenfassung: Digitalisierungsthemen und Nutzen für das Unternehmen

Das Szenario für die Digitalisierung entwerfen

Thema	Nutzen für das Unternehmen
1. Ein gemeinsames Digitalisierungsverständnis im Management entwickeln	▪ Eine **einheitliche Meinung in der Führung** zur Digitalisierung ▪ Eine **Abgrenzung**, was unter Digitalisierung im Unternehmen zu verstehen ist und was nicht ▪ Die **Sammlung und nüchterne Beurteilung**, was bereits an Digitalisierung realisiert wurde ▪ Eine Zusammenfassung und damit **Überblick zu gestarteten bzw. geplanten Digitalisierungsinitiativen** ▪ Eine **solide Begründung und „Auslegeordnung" für die Digitalisierung** im Unternehmen
2. Ein Szenario für die digitale Transformation erarbeiten	▪ **Gemeinsames Verständnis im Management** über die Veränderung des Geschäftes ▪ Klare, **zugespitzte Formulierung** „ohne Ausflüchte" ▪ Grundlage zur Verdeutlichung der **Notwendigkeit zur Digitalisierung** ▪ **Anknüpfung für Digitalisierungsprogramme**, Strategien, Schlüsselprojekte … ▪ Wesentlicher Bestandteil im **Digitalisierungsradar**
3. Das digitale Substitutionsradar nutzen	▪ Einschätzung des **Digitalisierungsgrads des Marktes** ▪ Beurteilung der **digitalen Innovationsnotwendigkeit** (neue digitale Produkte, Dienstleistungen, Geschäftsmodelle) ▪ Finden des richtigen Zeitpunkts zum **Umstieg auf die digitale Neue Welt** ▪ Sicherstellung einer **gemeinsamen Marktsicht** ▪ Zentraler Bestandteil einer **Digitalisierungsstrategie**
4. Das Digitalisierungsbenchmarking einsetzen	▪ **Vergleich der digitalen Initiativen im Wettbewerb** (in und außerhalb der Branche) ▪ **Systematisches Lernen von den Besten** und „Blick vom Markt herein" ▪ **Organisatorisches Lernen** mit entsprechenden Schlussfolgerungen und Umsetzungsmaßnahmen ▪ **Steigerung der digitalen Wettbewerbsfähigkeit** hinsichtlich Kundennutzen und Produktivität ▪ Input für **Digitalisierungsstrategie und KVP**

5. Eine Wettbewerbsanalyse mit den Digital Five Forces durchführen	▪ Klarheit über die **Wirkung der Digitalisierung auf Wettbewerb, Rendite und Substitution** ▪ Gemeinsames Verständnis und **Transparenz zum digitalen Wettbewerb** ▪ Beurteilung der **eigenen Position im digitalen Wettbewerb** ▪ Gezielte **Aktionspläne gegenüber Wettbewerbern** ▪ Wichtiges **Element in der Strategieentwicklung** und im laufenden Markt-Monitoring
6. Mit dem Change-Camp die Digitalisierung anstoßen	▪ **Zielorientierter Start in die Digitalisierung** durch einen fokussierten, konzentrierten Workshop ▪ Systematische Hinterfragung des aktuellen Geschäftsmodells und **Aufzeigen der Notwendigkeit der Digitalisierung** ▪ **Einbindung der notwendigen Personen:** Entscheidungsträger, Wissensträger und Umsetzer des Unternehmens ▪ **Entwicklung eines Zukunftsszenarios** anhand der digitalen Ziele, Struktur und Umsetzungsschritte ▪ **Notwendige Resultatorientierung** durch konkrete Ergebnisse aus dem Workshop

Eine Digitalisierungsagenda entwickeln

Thema	Nutzen für das Unternehmen
1. Eine Marktanalyse für die Digitalisierung durchführen	▪ **Definition und Beurteilung** des für die Digitalisierung relevanten Marktes ▪ **Zusammenfassung vieler unterschiedlicher Quellen** und Informationen in einer einfachen Logik ▪ Sicherstellung von **Überblick** und Zusammenhängen ▪ Wichtiger **Bestandteil der Digitalisierungsstrategie** bzw. der laufenden Marktbeobachtung ▪ **Einheitliches Verständnis** über den digitalen Markt im Unternehmen
2. Ein Digitalisierungsleitbild entwickeln	▪ Prüfung des **Geschäftszwecks angesichts der Digitalisierung** ▪ **Gemeinsame Formulierung und gemeinsames Verständnis der unternehmenspolitischen Grundlagen** ▪ **Klare Orientierung** für Eigentümer, Management, Mitarbeiter (plus ggf. Kunden, Lieferanten, Geschäftspartner) ▪ Wesentlicher Bestandteil der **Digitalisierungsstrategie, Struktur und Führung** ▪ Wichtiger Impuls der **digitalen Unternehmenskultur** (Selbstverständnis, Werte …)

3. Den Kundennutzen durch die Digitalisierung systematisch steigern	▪ Klarheit über den **realen Kundennutzen am Markt** ▪ Ausrichtung von **digitalen Potenzialen bzw. Lösungen an der Steigerung des Kundennutzens** im Geschäft ▪ Grundlage für **digitale Produkte und Dienstleistungen**, d. h. Vermeidung von „happy digitalization“ ▪ Basis für die **Qualitäts- bzw. Preisposition und Marketing** ▪ Wichtiges Prüfkriterium und **Element in jeder Digitalisierungsstrategie**
4. Die relevanten Digitalisierungsfelder definieren	▪ **Überblick, Orientierung und Zusammenfassung** der vorhandenen bzw. neuen Digitalisierungsthemen ▪ Klarheit über die **„richtige Aufstellung“ für die digitale Welt** ▪ Prüfung der **Ausgewogenheit der Digitalisierungsfelder** ▪ **Diskussionsraster zur Entwicklung neuer Digitalisierungsansätze** (marktseitig, produktivitätsseitig) ▪ **Breite Einsatzmöglichkeit** für Unternehmen, Geschäftsfelder, Regionen, Kunden, Marktleistungen …
5. Das digitale Geschäftsmodell konzipieren	▪ Klarheit über das **aktuelle Geschäftsmodell und dessen Logik** ▪ Prüfung aller Wertschöpfungsstufen bzgl. **Beitrag und Chancen für die Digitalisierung** ▪ **Konkretisierung aller Digitalisierungsüberlegungen** als „Geschäftsmodell der Neuen Welt“ ▪ **Systematische, strukturierte Erarbeitung von Umsetzungsmaßnahmen** für die Digitalisierung ▪ **Reduktion von abstrakten Diskussionen** über Potenziale, Theorien …
6. Eine Digitalisierungsstrategie erarbeiten	▪ **Zusammenfassung und zentrales Führungsinstrument** jedes digitalen Umsetzungsplanes ▪ **Konsequente Marktorientierung** für jedes Digitalisierungsthema („Vermeidung abstrakter Diskussionen“) ▪ Voraussetzung und Basis für **Organisation, Zielvereinbarung und Personalentwicklung** ▪ Input für **Planung und Budgetierung** ▪ Grundlage für **Umsetzungscontrolling und Monitoring**

Die digitale Organisation produktiv machen

Thema	Nutzen für das Unternehmen
1. Mit digitaler Schnittstellen-Vereinbarung Chancen und Risiken erkennen	▪ **Übergreifende Sichtweise** der digitalen Schnittstellen ▪ **Sicherstellung der Leistungsfähigkeit** eines Unternehmens und seiner Einheiten ▪ **Beurteilung der Funktionsfähigkeit und Resultate** der Schnittstellen ▪ **Systematischer KVP der Schnittstellen** (kontinuierlicher Verbesserungsprozess) ▪ Quelle für **Reorganisation und Produktivitätssteigerung**
2. Die digitalen Prozessaufträge ableiten	▪ **Gemeinsames Verständnis aller Beteiligten** über den Digitalisierungsauftrag an Prozesse ▪ **Ermöglichung von Vernetzung**, v. a. durch Klarheit in den Schnittstellen ▪ Basis für **digitalisierungsorientierte Organisation und Führung** ▪ Kernelement jeder **digitalen Funktion** ▪ Basis für **Umsetzungscontrolling und Digitalisierungsradar**
3. Eine digitales Funktionenprogramm entwickeln	▪ Konkretisierung des **digitalen Programms einer organisatorischen Funktion** ▪ Klarheit über die **digitalen AKV in der Funktion** (Aufgaben, Kompetenzen, Verantwortlichkeiten) ▪ Inhaltliche Grundlage für die **digitale Aufbauorganisation** ▪ Rahmen für **digitale Prozesse bzw. Prozessaufträge** ▪ Kernelement jeder **Digitalisierungsstrategie**
4. Mit dem Funktionendiagramm die digitale Organisation herstellen	▪ Gemeinsame Sichtweise der **Prozesse, Schnittstellen und Beiträge** ▪ Klarheit in einer digitalen Organisation zu den **Aufgaben, Kompetenzen und Verantwortlichkeiten (AKV)** ▪ Check bzw. Basis von **Stellenbeschreibungen, Gremien und Reporting** ▪ **Transparenz**, Offenheit, Vermeidung von Missverständnissen ▪ Voraussetzung für eine **produktive Organisation**
5. Das digitale Kostentreiber-Management nutzen	▪ **Transparenz zu den wichtigsten Kostentreibern** im Geschäft ▪ „Gesunder Druck“ auf **Digitalisierungsprogramme zur Lieferung von Produktivitätslösungen** ▪ **Übersetzung von Produktivitätspotenzialen** in echte Umsetzungsmaßnahmen ▪ **Gezielte Produktivitätssteigerung** bei den Kostentreibern ▪ Einbau in regelmäßigen **KVP und Prozess- bzw. Funktionalaufträge**

6. Ein digitales Produktivitätsprogramm entwickeln	▪ Übersetzung der **Produktivitätspotenziale in ein Produktivitätsprogramm** der Digitalisierung ▪ **Konzentration aller digitalen Produktivitätsansätze** in einer Unterlage ▪ Grundlage zur **Verbesserung der relativen Kostenposition** ▪ Bestandteil, Input oder Output bzgl.: **Digitalisierungstrategie, KVP, Prozessmanagement** … ▪ Basis für **Umsetzung und Umsetzungscontrolling**

Eine Kultur der digitalen Veränderungsfähigkeit herstellen

Thema	Nutzen für das Unternehmen
1. Eine digitale Unternehmenskultur entwickeln	▪ Unternehmenskultur als wichtiger **Rahmen und „Treibsatz" für Digitalisierung** ▪ Gemeinsame **Bestandsaufnahme der digitalen Kultur** ▪ Schaffung eines **Bewusstseins für die Notwendigkeit der Weiterentwicklung** der Kultur ▪ Definition von **Impulsen für die digitale Unternehmenskultur** ▪ Gezielte und professionelle **kulturelle Begleitung von größeren Digitalisierungsinitiativen**
2. Das digitale Change-Management nutzen	▪ **Aktive Steuerung des Change-Managements** als Schlüssel für Veränderungsfähigkeit ▪ **Bewusstsein für begleitende Impulse** zusätzlich zum rein sachrationalen-unternehmerischen Digitalisierungsziel ▪ Regelmäßige **Diagnose der Veränderungsfähigkeit** ▪ **Gemeinsame Sicht auf Veränderungstreiber** und deren Gestaltung ▪ **Erkenntnisse für andere Change-Themen** in Zukunft
3. Die Stakeholder-Kommunikation in der digitalen Welt steuern	▪ Klarheit über die **erfolgskritischen Stakeholder für die Umsetzung der Digitalisierung** ▪ **Transparenz über Interessen, Einfluss und Macht** im Rahmen der Veränderungen ▪ **Aktive Steuerung der Stakeholder** und Nutzung der Stakeholder für den Umsetzungserfolg ▪ **Gezielte Kommunikation und Minimierung des Risikos** von Fehlinformation bzw. Missverständnissen ▪ Entwicklung einer **gemeinsamen Sichtweise im Digitalisierungsteam** über die Stakeholder

4. Mit der systematischen Müllabfuhr die „Alte Welt“ hinter sich lassen	▪ Nutzung der **Digitalisierung zur Steigerung der Produktivität** ▪ Gezieltes Vorgehen zum **Abbau von Aktivitäten bzw. Leistungen** ▪ Voraussetzung zum **Freispielen von Ressourcen für die Digitalisierung** ▪ **Verbindung mit Führungsprozessen** (Zielvereinbarung, Strategie, KVP, Produktivitätsmanagement …) ▪ Werkzeug für eine **Kultur der Veränderungsfähigkeit**
5. Ein permanentes Digitales Verbesserungsprogramm DVP einführen	▪ Nutzung der **Digitalisierung als Quelle für permanente Verbesserung** ▪ Steigerung der **Akzeptanz der Digitalisierung** ▪ **Breite Verwendung** der Verfahren (Themen und Tiefe der Ausarbeitung) ▪ Beitrag zur einer **Organisation der Qualität und der Verbesserungskultur** ▪ Quelle für **Innovation, Produktivitätssteigerung und Organisationsentwicklung**
6. Eine Digitalisierungspersonalentwicklungsagenda starten	▪ Konsequente **Begleitung der Digitalisierung mit der Personalentwicklung** ▪ Individualisierung der Digitalisierung im Sinn der **Kompetenzsteigerung** ▪ Voraussetzung für eine **Kultur der Veränderungsfähigkeit** ▪ Beitrag für eine „**lernende Organisation**“ ▪ Notwendiger **Bestandteil jeder Digitalisierungsstrategie**

Eine rasche Umsetzung sicherstellen

Thema	Nutzen für das Unternehmen
1. Mit der DSC Digital Scorecard die Umsetzung vorbereiten	▪ Konsequente **Präzisierung von digitalen Vorhaben** ▪ **Verwendung als Navigationswerkzeug** für Zielentwicklung und Umsetzung ▪ **Kompakte Zusammenfassung** der Ziele und Maßnahmen ▪ Verwendung als **Kommunikationswerkzeug für die Digitalisierung** ▪ Flexible und anpassbare **Skalierbarkeit**

2. Durch agiles Projektvorgehen die Umsetzung beschleunigen	▪ Agiles Projektmanagement als **„Turbo“ für die Umsetzung** ▪ Nutzung der Digitalisierung für die **Weiterentwicklung der Umsetzungsfähigkeit** ▪ Richtiges **Einsteuern von Digitalisierungsprojekten** ▪ Anwendung von **flexiblen und resultatorientierten Planungs- bzw. Umsetzungsmethoden** ▪ Beitrag für eine **digitale Unternehmenskultur**: Vernetzung, Umsetzungsstärke, Flexibilität, Eigenverantwortung …
3. Die Digitalisierung mit Schlüsselaufträgen und Zielvereinbarungen umsetzen	▪ **Voraussetzung für Resultate** aus der Digitalisierung ▪ Sicherstellung des **gemeinsamen Verständnisses der Umsetzungsthemen** ▪ Forcierung von **Eigenverantwortung und Selbststeuerungsfähigkeit** ▪ **Komprimierte Darstellung** der Resultate und Verantwortlichkeiten ▪ **Breite Einsetzbarkeit** für praktisch alle digitalisierungselevanten Themen
4. Mit dem Digitalisierungsradar Chancen und Risiken erkennen	▪ **Strukturierte Auseinandersetzung** mit Chancen und Gefahren der Digitalisierung ▪ Einnehmen einer **gemeinsamen Position bzgl. der Chancen und Risiken** ▪ Klarheit über **Treiber bzw. Hindernisse der Digitalisierung** ▪ **Vermeidung reiner Tagesgeschäftsfokussierung** und Verzettelung in operativen Themen ▪ Kernelement im **Risikomanagement und strategischen- bzw. Umsetzungscontrolling**
5. Ein konsequentes Umsetzungscontrolling für die Digitalisierung sicherstellen	▪ **Systematische Steuerung der Umsetzung** von Digitalisierungsinitiativen ▪ Beitrag zu einer **Kultur der Resultate und der Wirksamkeit** ▪ **Steigerung der Verbindlichkeit und Ernsthaftigkeit** von Programmen, Projekten und „Absichten“ ▪ **Erhöhung der Umsetzungswahrscheinlichkeit** für die Digitalisierung ▪ Schaffung der Voraussetzungen für **Transparenz und Kommunikation**
6. Mit dem Digitalisierungsbericht echte Resultate ausweisen	▪ Zusammenfassung und **Ausweis von echten Resultaten** ▪ **Kernelement im Umsetzungsprozess** und im Umsetzungscontrolling ▪ Sicherstellung von **Verantwortung für spürbare Ergebnisse** ▪ Offenes und **transparentes Berichtsformat** ▪ Unkomplizierte und **„schnelle“ Methodik**

Literatur

A

Anderson, K./Uhlig, J.: *Das agile Unternehmen. Wie Organisationen sich neu erfinden*, Frankfurt 2015.

Andler, N.: *Tools für Projektmanagement, Workshops und Consulting*, Erlangen 2015.

B

Belz, C.: *Value Selling*, Stuttgart 2016.

C

Chakravorti, B./Chaturvedi, R.: *How Benchmarking Can Help Countries Become More Digital*, in: Harvard Business Review 03/2016.

Cole, T.: *Digitale Transformation*, München 2017.

Covey, S.: *Umsetzung*, Offenbach 2014.

D

Davenport, T.: *Big Data at Work*, Harvard 2014.

Doppler, K./Lauterburg, C.: *Change Management: Den Unternehmenswandel gestalten*, Frankfurt 2014.

F

Friedl, G./Hofmann, C./Pedell, B.: *Kostenrechnung*, München 2013.

Füermann, T.: *Prozessmanagement*, München 2014.

G

Gassmann, O./Sutter, P.: *Digitale Transformation im Unternehmen gestalten*, München 2016.

Geschwill, R./Nieswandt, M: *Laterales Management: Das Erfolgsprinzip für Unternehmen im digitalen Zeitalter*, 2016.

Giordano, P.: *James Joyce 2.0*, in: Lettre 04/2016.

Gloger, B./Margetich, J.: *Das Scrum-Prinzip: Agile Organisationen aufbauen und gestalten*, Stuttgart 2014.

Gloger, B./Rösner, D.: *Selbstorganisation*, München 2014.

Granig, P.: *Geschäftsmodellinnovation*, Wiesbaden 2016.

H

Hinterhuber, H.: *Strategische Unternehmensführung: Das Gesamtmodell für nachhaltige Wertsteigerung*, Berlin 2015.

Hofert, S.: *Agiler führen*, Wiesbaden 2016.

Hoffmeister, C./von Borcke, Y.: *Think New*, München 2014.

Hoffmeister, C.: *Digital Business Modelling*, München 2015.

Hoffmeister, C.: *Digitale Geschäftsmodelle richtig einschätzen*, München 2013.
Homma, N.: *Unternehmenskultur und Führung*, Wiesbaden 2015.
Horvath, P./Michel, U. (Hrsg.): *Digital Controlling and Simple Finance*, Stuttgart 2016.
Humble, J./Molesky, J./O`Reilly, B.: *Lean Enterprise*, Newton 2014.

I

Ifaa-Edition: *5S als Basis des kontinuierlichen Verbesserungsprozesses*, Berlin 2016.

J

Joppich, M.: *Wettbewerbsstrategien für neue Produkte und neue Märkte*, Münster 2010.

K

Kaplan, R./Norton, D.: *Putting the Balanced Scorecard to Work*, in: Harvard Business Review, 09/2013.
Köhler-Schute, C. (Hrsg.): *Digitalisierung und Transformation im Unternehmen*, Berlin 2016.
Kotter, J.: *Accelerate*, München 2015.
Kreutzer, R./Neugebauer, T./Pattloch, A.: *Digital Business Leadership*, Wiesbaden 2016.

L

Lauer, T.: *Change-Management*, Berlin 2014.

M

Malik, F.: *Die richtige Corporate Governance*, Frankfurt 2008.
Malik, F.: *Führen Leisten Leben, Frankfurt* 2014.
Malik, F.: *Navigieren in Zeiten des Umbruchs*, Frankfurt 2015.
Malik, F.: *Strategie*, Frankfurt 2011.
Matzler, K. et al.: *Digital Disruption,* München 2016.
Meyer, J.: *Digitale Disruption*, Göttingen 2016.
Müller, R.: *Systematische Mitarbeiterbeurteilungen und Zielvereinbarungen,* Zürich 2013.

N

Novotny, V. : *Agile Unternehmen: fokussiert, schnell, flexibel*, Göttingen 2016.

P

Petry, T. (Hrsg.): *Digital Leadership*, Freiburg 2016.
Pfannenberg, J./Schmalstieg, D. (Hrsg.): *Toolbox Social Media*, Stuttgart 2015.
Pfannenberg, J.: *Corporate Communikations im Web 2.0. Relevanz und Legitimität für das Unternehmen*, Düsseldorf 2011.

Porter, M./Heppelmann, J.: *Wie smarte Produkte Unternehmen verändern*, in: Harvard Business Manager 12/2015.

Porter, M.: *Wettbewerbsstrategie. Methoden zur Analyse von Branchen und Konkurrenten*, Frankfurt 2013.

Q

Quinton, S./Simkin, L.: *The Digital Journey: Reflected Learnings and Emerging Challenges*, in: International Journal of Management Reviews, online 19.04.2016.

S

Scherber, S./Lang, M. (Hrsg.): *Agile Führung: Vom agilen Projekt zum agilen Unternehmen*, Düsseldorf 2015.

Schneider, M.: *Coopetition between Functional Departments*, Aachen 2014.

Schüller, A.: *Kommunikation in Zeiten der digitalen Transformation*, Offenbach 2016.

Schwab, K.: *Die vierte industrielle Revolution*, München 2016.

Stöger, R.: *Das Change-Camp. Neue Geschäftsmodelle zum Funktionieren bringen*, in zfo Zeitschrift Führung + Organisaiton 03/2016.

Stöger, R.: *Der Digital-Transformator. Die Chancen der Digitalisierung umsetzen*, in: zfo Zeitschrift für Führung + Organisation, 05/2016.

Stöger, R.: *Die Toolbox für Manager*, Stuttgart 2016.

Stöger, R.: *Die wirksamsten Management Werkzeuge*, Stuttgart 2016.

Stöger, R.: *Innovationsmanagement für die Praxis*, Stuttgart 2011.

Stöger, R.: *Personal-Produktivität als Führungsaufgabe*, in: Personalwirtschaft 07/2016.

Stöger, R.: *Produktivitätssteigerung und Ergebnisverbesserung*, Stuttgart 2012.

Stöger, R.: *Prozessmanagement – Qualität, Produktivität, Konkurrenzfähigkeit*, Stuttgart 2011.

Stöger, R.: *Strategieentwicklung für die Praxis*, Stuttgart 2017.

Stöger, R.: *Umsetzung der Digitalisierung. Fazit 1.0 in der Neuen Welt*, in: Zeitschrift für Organisations-Entwicklung, 01/2017.

Stöger, R.: *Wirksames Projektmanagement – Mit Projekten zu Ergebnissen*, Stuttgart 2011.

Subhash, R.: *Benchmarking for Performance Evaluation*, New Dehli 2015.

V

Vanini, U.: *Risikomanagement: Grundlagen – Instrumente – Unternehmenspraxis*, Stuttgart 2015.

W

Weinberg, U.: *Network Thinking*, Hamburg 2016.

Werther, D.: *Vision – Mission – Werte: Die Basis der Leitbild- und Strategieentwicklung,* Weinheim 2015.

Witt, J./Witt, T.: *Werkzeuge des Qualitätsmanagements in der KVP-Praxis*, Düsseldorf 2013.

Stichworte

T

U

V